Biologie fondamentale et génétique

Chez le même éditeur

Dans la collection des mémos infirmiers

Processus inflammatoires et infectieux, par K. Kinugawa, B. Planquette, M. Rouprêt, M.-A. Rousseau, E. Roze, D. Skurnik, A. Soria. 2010, 128 pages.

Processus obstructifs, par L. Sabbah, B. Planquette, A. Balian, M. Rouprêt. 2010, 128 pages.

Processus psychopathologiques, par I. Lim-Sabbah. 2010, 184 pages.

Processus traumatiques, par A. Chaïb, K. Kinugawa, B. Planquette, M.-A. Rousseau, E. Roze, A. Soria. 2010, 184 pages.

Processus dégénératifs et défaillances organiques, par A. Chaïb, G. Gridel, L. Sabbah, B. Planquette, V. Mink, M. Rouprêt, K. Kinugawa, E. Roze, M.-A. Rousseau, D. Simon, L. Bensoussan et A. Soria. 2011, 288 pages

Processus tumoraux, par J. Alexandre. 2011, 224 pages

Psychologie, sociologie, anthropologie, par F. Dargent. 2012, 130 pages.

Pharmacologie et thérapeutiques, par T. Caruba et E. Jaccoulet. 2012, 176 pages.

Cycles de la vie et grandes fonctions, par L. Chouchana, A.F. Dessein, F. Habarou et E. Jaccoulet. 2012, 224 pages.

mémo INFIRMIER
Sous la direction de Laurent Sabbah

Biologie fondamentale et génétique

Laurent Chouchana
Pharmacologue à l'Hôpital Européen Georges Pompidou

Anne-Frédérique Dessein
Biologiste au CHRU de Lille

Florence Habarou
Biologiste au laboratoire de Biochimie, Hôpital Antoine Béclère

Emmanuel Jaccoulet
Pharmacien à l'Hôpital Européen Georges Pompidou

Collection dirigée par Laurent Sabbah

ELSEVIER
MASSON

62, rue Camille-Desmoulins, 92442 Issy-les-Moulineaux cedex
www.elsevier-masson.fr

ISBN : 978-2-294-71596-9

Abréviations

A	Adénine
ADN	Acide désoxyribonucléique
ARN	Acide ribonucléique
ARNm	Acide ribonucléique messager
ARNr	Acide ribonucléique ribosomial
ARNt	Acide ribonucléique de transfert
ATP	Adénosine triphosphate
C	Cytosine
Ca	Calcium
Co	Cobalt
Cr	Chrome
Cu	Cuivre
DIT	di-iodotyrosyl
ER	Équivalent rétinol
Fe	Fer
G	Guanine
GIP	*Glucose-dependent Insulinotropic Polypeptide*
GLP-1	*Glucagon-Like Peptide 1*
H_2O	Eau
H_2O_2	Eau oxygénée
HDL	*Hig Density Lipoprotein*
I	Iode
IRS1	*Insulin Receptor Substrat 1*
LDL	*Low Density Lipoprotein*
Mg	Magnésium
MIT	mono-iodotyrosyl
Mn	Manganèse
Mo	Molybdène
N	Azote
Na^+	Sodium
NH_3	Ammoniac
NO	Monoxyde d'azote
O_2	Dioxygène

Pi	Phosphate inorganique
PTH	Parathormone
Se	Sélénium
SNC	Système nerveux central
T	Thymine
T_3	tri-iodothyronine
T_4	tétra-iodothyronine
TBG	*Thyroxine Binding Protein*
TPO	thyroperoxydase
TSH	*Thyroid Stimulating Hormone*
VA	ventilation alvéolaire
Zn	Zinc

Table des matières

PARTIE 1

Les molécules

Pour que l'édifice complexe de notre organisme puisse fonctionner, il est nécessaire que des éléments interagissent les uns avec les autres : les organes, les cellules et à un niveau plus simple les **molécules** qui les constituent, **organiques** et **inorganiques**. Ces interactions, quel que soit leur niveau, contribuent à maintenir **l'homéostasie**, c'est-à-dire l'équilibre de notre milieu interne.

1. Molécules inorganiques

Eau

Structure chimique = H_2O.
Molécule **polaire** (polarisée) capable de former des liaisons dites « **hydrogène** » avec les molécules biologiques polaires (ex. : protéines, acides nucléiques, molécules **hydrosolubles**).
Composant le plus abondant de l'organisme.

Variations selon l'âge

- Adulte : 60–65 % du corps (soit ≈ 40 L chez un individu de 70 kg).
- Nouveau-né : ↗ 70–75 %.
- Personne âgée : ↘ 45 %.

Localisation ubiquitaire

Dans le corps, avec une notion de **compartimentation** :
- liquides intracellulaires (2/3, ≈ 25 L);
- liquides extracellulaires (1/3, ≈ 15 L) :
  - liquide interstitiel,
  - lymphe canalisée,
  - plasma (3 L),
  - autres (LCR, liquide articulaire, humeurs de l'œil, sécrétions digestives).

Échanges permanents entre les compartiments pour maintenir l'équilibre.

Bilan hydrique

- **Entrées** : boisson, aliments, eau « métabolique » (respiration cellulaire) : 2–2,3 L/j.
- **Sorties** : urine, sécrétions digestives, transpiration, respiration : 2–2,3 L/j.
- **Sensation de soif** lorsque 3 % de la masse d'eau est perdue.

Rôles de l'eau dans l'organisme

- **Solvant**, capable de dissoudre un soluté hydrosoluble (une molécule polaire).
- **Transporteur** de molécules dissoutes d'un compartiment à un autre.

- **Réactif chimique** :
  - hydrolyse (digestion des nutriments),
  - condensation/déshydratation (élaboration de molécules complexes).
- **Amortisseur** : LCR pour le cerveau, liquide articulaire pour les articulations.

En cas de déséquilibre

- Hyperhydratation (si excès) ou déshydratation (si défaut).
- Dégoût de l'eau (si excès) ou sensation de soif (si défaut).
- Intoxication à l'eau (œdème cérébral, troubles du comportement, de la conscience, dilution du sang, gonflement puis lyse des cellules, pouvant provoquer le décès du patient).

Peroxyde d'hydrogène ou eau oxygénée

Structure chimique = H_2O_2.
Agent **oxydant**.

Localisation

- Dans les cellules, dans des organites appelés peroxysomes où ont lieu les réactions d'**oxydation** de la cellule.
- Les cellules hépatiques et rénales sont riches en peroxysomes.

Réactions chimiques et rôle du peroxyde d'hydrogène au sein des peroxysomes

- Des enzymes appelées **oxydases** dégradent des substrats par oxydation avec consommation d'oxygène et production d'H_2O_2.
- Des enzymes appelées **catalases** dégradent des substrats par oxydation avec consommation d'H_2O_2 et production d'H_2O.
- H_2O_2 ne doit pas s'accumuler : les **catalases** peuvent dégrader deux molécules d'H_2O_2 en libérant deux molécules d'H_2O et une molécule d'O_2.

Dioxygène

Structure chimique = O_2.

Gaz incolore et inodore

Composant (21 %) de l'air ambiant, prélevé par la ventilation pulmonaire.

Pénétration d'O_2 dans l'organisme

- L'**hématose** est la richesse en O_2 du sang.
- Des échanges d'O_2 se produisent au niveau pulmonaire entre les alvéoles (air, milieu extérieur) et le sang (milieu intérieur), à travers

la paroi alvéolaire, selon **un gradient de pression partielle en O_2 ou pO_2**.

- Si la pO_2 des deux était identique, il n'y aurait pas de diffusion.
- Le **sang** qui arrive dans les alvéoles est **pauvre en O_2, non hématosé** : sa pO_2 est faible et inférieure à celle de l'air alvéolaire : diffusion d'O_2 de l'air alvéolaire vers le sang.
- Le sang circule en permanence : aussitôt hématosé, il est remplacé par du sang non hématosé : sa pO_2 est toujours faible au niveau des alvéoles pulmonaires.
- La ventilation pulmonaire permet le renouvellement de l'air alvéolaire : sa pO_2 est toujours élevée.

Conséquences d'une diminution de la pénétration d'O_2 dans l'organisme

- Cela provoque une **hypoxémie** voire une **anoxémie** (diminution modérée ou importante de la quantité d'O_2 dans le sang) à l'origine d'une mauvaise oxygénation des tissus et des organes (**hypoxie/ischémie** voire **anoxie**).
- Si $O_2 < 17$ % dans l'air inspiré : malaises.
- Si $O_2 < 9$ % dans l'air inspiré : évanouissements.
- Si $O_2 < 7$ % dans l'air inspiré : asphyxie.

Transport d'O_2 dans l'organisme

- Le transporteur sanguin d'O_2 est l'**hémoglobine** (98 % de l'O_2 sanguin).
- L'hémoglobine (Hb) est une **hétéroprotéine**, elle est constituée de deux parties (figure 1) :
  - partie protéique = quatre chaînes de **globine** (2α et 2β pour une Hb normale),
  - partie non protéique = quatre groupements prosthétiques (un par chaîne de globine) appelés **hèmes** avec chacun un **atome de fer** ionisé sous forme Fe^{2+}.
- L'O_2 se fixe sur Fe^{2+}, à raison de un O_2 pour un Fe^{2+}, soit **quatre O_2 par molécule d'Hb**.
- Avec quatre O_2, l'Hb est dite saturée, c'est l'**oxyHb**, qui donne sa couleur rouge vif au sang.
- La fixation d'O_2 se fait de manière **allostérique** : la fixation d'un premier O_2 sur Fe^{2+} entraîne un léger changement de conformation de la protéine qui facilite la fixation du second O_2, laquelle facilite celle du troisième…

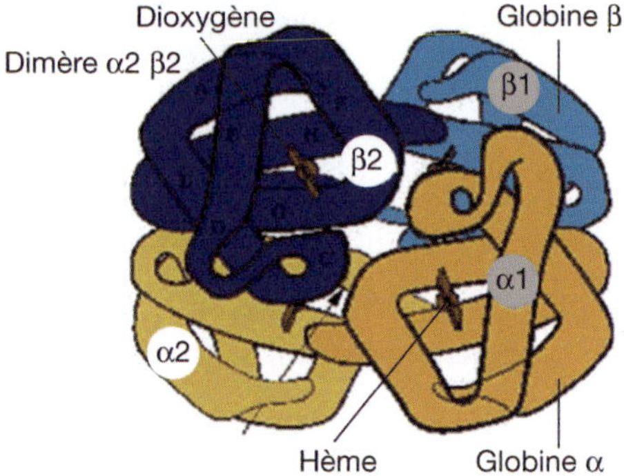

Figure 1. La molécule d'hémoglobine.

Anomalies de transport de l'O_2

- **Carboxyhémoglobine** : le monoxyde de carbone CO a plus d'affinité pour l'hémoglobine que l'O_2. En hiver, penser à vérifier les chauffages (un chauffage mal réglé libère du CO au lieu de CO_2) et à ventiler les pièces quotidiennement. Symptomatologie selon la teneur en CO = céphalées puis nausées puis perte de conscience puis décès. **Traitement = caisson hyperbare.**
- **Methémoglobine** : Fe^{2+} est oxydé en Fe^{3+} incapable de fixer l'O_2.
- **Hémoglobinopathies** : au lieu d'un assemblage $\alpha_2\beta_2$ des chaînes de globine, d'autres types d'assemblages sont rencontrés qui ne permettent pas une fixation optimale d'O_2. Les plus connues sont la **drépanocytose** et les **thalassémies**.

Transfert de l'O_2 aux tissus

- Il est régi par l'**effet Bohr**.
- La fixation du CO_2 sur l'Hb favorise la libération d'O_2; de même une élévation de température ou une diminution de pH (acidose). Ces conditions sont rassemblées au niveau du tissu musculaire, grand consommateur d'O_2.

Utilisation cellulaire de l'O_2

- **Au niveau de la chaîne respiratoire** (mitochondries), pour la production d'ATP, la monnaie énergétique de l'organisme. L'O_2 y est le dernier accepteur d'électrons.
- **De manière générale, pour les réactions d'oxydoréduction.**

Azote et dérivés

Azote et diazote

- Structure chimique de l'azote = N.
- Élément constitutif de nombreuses molécules organiques, notamment les acides aminés des protéines et les bases azotées des acides nucléiques (ADN et ARN).
- Structure chimique du diazote = N_2.
- **Gaz incolore**, composant (≈ 79 %) de l'air ambiant.
- Responsable des embolies gazeuses chez les plongeurs qui ne respectent pas les paliers de décompression.

Ammoniac

Structure chimique = NH_3.

Gaz incolore d'odeur vive

Dissous en solution aqueuse, on l'appelle **ammoniaque**.
Petite molécule extrêmement toxique car très diffusible notamment dans le SNC.

Production

Dans les hépatocytes, suite à la désamination oxydative des acides aminés.
Deux modalités de prise en charge de NH_3 par les hépatocytes :
- **prise en charge par les enzymes du cycle de l'urée**, transformation en urée (deux NH_3 pour former une molécule d'urée), molécule atoxique facilement éliminable par voie rénale ;
- **couplage à l'acide L-glutamique, formation de L-glutamine** acheminée jusqu'au rein par voie sanguine, intervention d'une **glutaminase** présente dans les cellules tubulaires rénales, libération de NH_3 qui diffuse dans l'urine et s'y trouve piégé sous forme d'ions NH_4^+ non diffusibles.

Causes d'une hyperammoniémie

- **Hyperammoniémie primitive** : en cas d'anomalie d'une enzyme ou d'un transporteur intervenant dans le cycle de l'urée, impossible de transformer NH_3 en urée.
- **Hyperammoniémie secondaire** : en cas de dysfonctionnement hépatique (hépatite virale, intoxication alcoolique…).

Conséquences d'une hyperammoniémie

- Haute diffusibilité vers le système nerveux central.
- Encéphalopathie, coma.

- Altérations neurologiques plus ou moins durables, certaines définitives.
- Évolution vers le décès si l'hyperammoniémie n'est pas maîtrisée.
- Hyperammoniémie associée à l'augmentation sanguine de deux acides aminés : L-glutamine et acide L-glutamique.

Monoxyde d'azote ou oxyde nitrique

Structure chimique = NO.

Production

- Par les **cellules endothéliales vasculaires**, sous l'action de la **NO synthase**, à partir de L-arginine, avec libération conjointe de L-citrulline.
- Mais aussi par les **macrophages**, les **neurones**, les **hépatocytes**.

Action

- Activation de la guanylate cyclase au sein des **cellules musculaires lisses de l'endothélium vasculaire**, une enzyme qui assure la transformation de GTP en GMPc.
- Effet final : vasodilatation, réduction de la pression artérielle.
- Les dérivés nitrés, une famille d'agents antihypertenseurs, agissent de manière comparable au NO endogène.

Autres effets

- **Effet antimicrobien**, notamment à l'égard de pathogènes digestifs (dans la bouche, les nitrates de l'alimentation sont réduits en nitrites, eux-mêmes convertis dans l'estomac en un mélange complexe d'oxydes d'azote dont NO).
- **Messager chimique** (en plus de son action majeure au niveau du système circulatoire, il exerce une action paracrine au niveau du système nerveux et du système immunitaire en modulant les réactions enzymatiques).
- **Modulateur de l'apoptose** : il possède selon les cas des propriétés pro- (les dommages à l'ADN liés au NO induisent la production de p53) ou anti-apoptotiques (stress oxydant, inhibition directe des caspases).

Nitrates et nitrites

Structure chimique des nitrates = NO_3^- et des nitrites = NO_2^-.
Sources alimentaires : en particulier eau, légumes.
Production de nitrites par les bactéries (d'où l'utilisation des nitrites sur les bandelettes réactives pour rechercher une contamination bactérienne).

Rôles et effets des nitrates/nitrites

- **Production de NO**, que les nitrates soient d'origine endogène, à partir de L-arginine, ou d'origine alimentaire, après réduction en nitrites, d'où une *potentialisation des effets du NO.*
- **Effet antimicrobien**.

Pathologie humaine

- La **methémoglobinémie**, redoutée chez le nourrisson, à l'origine d'une asphyxie car la fixation de nitrites sur l'hémoglobine rend celle-ci inapte à transporter l'O_2 (voir *Dioxygène*, page 5) : la cause serait une production de nitrites à partir des nitrates alimentaires par des bactéries présentes dans le biberon (d'où l'importance de la stérilisation).
- La **production d'agents nitrosants**, suite à la réduction de nitrates en nitrites puis en NO, aboutit à la formation de composés nitrosés cancérigènes.

Phosphates

Phosphates inorganiques

Issus de l'acide phosphorique H_3PO_4.
Structure chimique = $H_2PO_4^-$ (anion dihydrogéno-phosphate), HPO_4^{2-} (anion hydrogéno-phosphate) et PO_4^{3-} (anion phosphate).

Rôle

- **Dans le sang** : HPO_4^{2-} (80 %) et $H_2PO_4^-$ (20 %) constituent un **système tampon**, c'est-à-dire qu'ils s'opposent aux variations de pH en captant ou en libérant des ions H^+; c'est un système tampon qui lutte très efficacement contre l'acidose.
- **Au niveau rénal** : les phosphates sanguins sont filtrés et peuvent piéger des ions H^+ dans l'urine, autre moyen de lutter contre l'acidose.
- **Principaux anions du liquide intracellulaire** : contribution majeure à l'équilibre de charges cations-anions.
- **Constituant de l'os** (minéralisation de la matrice osseuse sous l'action d'une phosphatase alcaline) : pour cette raison l'absorption et l'élimination des phosphates de l'organisme se trouvent sous le contrôle des trois hormones de régulation du métabolisme phosphocalcique (vitamine D active, parathormone et calcitonine, voir Fiche 16 *Régulation de la vitamine D et de la calcémie*, page 67).

Phosphates organiques

- Phosphates associés à des molécules organiques.
- **Phosphorylation des protéines** au niveau de résidus sérine, thréonine ou tyrosine : modulation de la fonctionnalité des protéines (activation/désactivation des enzymes par exemple).
- **Association covalente à des lipides** pour former des phospholipides : rôle structural car constituants des membranes cellulaires.
- **Constituant des nucléotides et des acides nucléiques** : par exemple, on retrouve trois résidus phosphate au sein de la molécule d'**ATP**, la monnaie énergétique de l'organisme.

Sodium, potassium et chlore

Ces trois ions ont des fonctions très liées dans l'organisme.
La répartition de ces ions dans l'organisme est décrite tableau 1. La composition ionique du plasma correspond au ionogramme sanguin, voir Tableau 6, page 79.

Rôles isolés ou combinés

- Le **déséquilibre sodium extracellulaire/potassium intracellulaire** est maintenu par un transport actif mettant en jeu une pompe Na^+/K^+/ATPase-dépendante. Il a pour conséquence l'établissement d'un potentiel membranaire de repos de – 70 mV. Ceci joue un rôle majeur au niveau des cellules nerveuses, car un afflux de charges positives suffisant dans la cellule pourra induire une dépolarisation membranaire à l'origine d'un influx nerveux. Pour plus de détails, voir Fiche 7 *Cellules excitables*, page 35.
- Le **sodium intervient dans la régulation de la pression osmotique**. Pour cela, sa concentration sanguine fait l'objet d'une régulation à la fois très fine et très complexe. Le site majeur de régulation est le rein. Elle a lieu à différents niveaux du rein, peut être associée à un échange de K^+ ou non et peut être liée à l'action de facteurs hormonaux (aldostérone et facteur natriurétique atrial). Pour plus de détails, voir Fiche 19 *Régulation de l'équilibre hydro-électrique*, page 78.

Tableau 1. **Concentrations ioniques de l'organisme.**

Ions	Concentration (en mmol/L ou en mEq/L)		
	Milieu intracellulaire	Liquide interstitiel	Plasma
Sodium (Na^+)	10	**144**	**142**
Potassium (K^+)	**140**	5	5
Chlore (Cl^-)	5	**116**	**103**

- Le **potassium joue un rôle majeur dans la contraction musculaire et notamment cardiaque**. Sa concentration sanguine ne doit varier que dans une fourchette très étroite : des troubles du rythme cardiaque surviennent très vite, qu'ils soient liés à une hyper- ou à une hypokaliémie, et peuvent être mortels en l'absence de traitement approprié. Attention à l'emploi mal contrôlé d'agents antihypertenseurs chez la personne âgée.
- Un **gradient de chlore** est maintenu de part et d'autre des membranes cellulaires, ce qui rend possible, au travers de ces membranes, des échanges d'anions variés contre Cl^-. Par exemple, une entrée de Cl^- dans les hématies permet dans le même temps la sortie d'ions HCO_3^- qui, dans le plasma, jouent un rôle majeur en tant que système tampon. Pour plus de détails, voir Fiche 15 *Régulation de l'équilibre acide-base*, page 64.

Calcium (Ca)

Sources alimentaires : lait et produits dérivés.
Localisation : os (99 %).
Dans le sang :
- concentration de l'ordre de 2,5 mmol/L;
- il existe sous différentes formes :
  - **calcium non ultrafiltrable** par le rein (40 %), calcium lié aux protéines,
  - **calcium ultrafiltrable** par le rein (60 %) :

→ **calcium ionisé Ca^{2+}** = fraction active (50 %), concentration dans une fourchette étroite (1,17 à 1,30 mmol/L), régulation très fine par trois hormones (calcitonine, parathormone et vitamine D active). Pour plus de détails, voir Fiche 16 *Régulation de la Vitamine D et de la calcémie*, page 67,

→ **calcium complexé** (10 %) sous forme de phosphate ou de citrate de calcium.

Rôles

- **Construction du squelette** (les besoins sont accrus chez l'enfant et la femme enceinte).
- **Coagulation sanguine** (certains anticoagulants présents dans les tubes de prélèvement sanguin agissent en séquestrant le Ca^{2+} sanguin, tel que l'EDTA ou le citrate de sodium).
- **Contraction musculaire** (il interagit avec les protéines du cytosquelette).
- **Réactions enzymatiques** (il joue un rôle de cofacteur).
- **Second messager intracellulaire** (il intervient dans la modulation de l'activité d'enzymes et de protéines).

- **Libération de neurotransmetteurs au niveau des synapses** (celle-ci peut être liée à une entrée de Ca^{2+} par des canaux calciques voltage-dépendants, ouverts suite à la transmission de l'influx nerveux et à la dépolarisation de la membrane présynaptique).

Magnésium (Mg)

Présent dans le sang sous forme ionisée Mg^{2+}.

Rôles

- cofacteur/activateur de nombreuses réactions enzymatiques ;
- contraction musculaire.

Soufre

Présent dans le sang sous forme de sulfate SO_4^{2-}.

Rôles

- **Constituant des acides aminés soufrés** (cystéine et méthionine). Les fonctions thiols (-SH) des résidus cystéines des protéines peuvent interagir les uns avec les autres pour former des ponts disulfures (-S-S-), liaisons covalentes indispensables dans l'organisation tridimensionnelle et donc dans la fonction des protéines.
- Sous forme de sulfate, **constituant des mucopolysaccharides** du tissu conjonctif, des cartilages, des tendons, de l'os.

Oligo-éléments

Il s'agit d'un ensemble de **sels minéraux**. Ils portent le nom d' « oligo-éléments » par opposition aux « macroéléments » que sont le sodium, le potassium, le chlore, les phosphates ou le calcium, présents en grande quantité dans l'organisme. En effet, ils sont présents/actifs à de très faibles concentrations, ce qui ne les empêche pas d'être indispensables au bon fonctionnement de l'organisme.

Parmi les oligo-éléments, on retrouve le fer (Fe), l'iode (I), le manganèse (Mn), le molybdène (Mo), le cuivre (Cu), le zinc (Zn), le sélénium (Se), le cobalt (Co), le chrome (Cr)…

Présents dans l'alimentation, ils sont facilement absorbables et jouent un rôle de cofacteur à l'égard de nombreuses enzymes. Certains ont des fonctions plus spécifiques :

- le **fer** : sous forme Fe^{2+}, lié à l'hème de l'hémoglobine, il joue un rôle crucial dans le transport de l'oxygène des poumons vers les tissus ;
- l'**iode** : sans lui, la synthèse des hormones thyroïdiennes est impossible.

2. Molécules organiques

Glucides « oses »

Les **glucides** sont constitués de **C**, **H**, et **O** ; ils sont également appelés **hydrates de carbone** ou **sucres**.
Ce sont des molécules organiques dont les **carbones sont porteurs** :
- de **fonctions alcools** (primaires ou secondaires) ;
- d'une **fonction aldéhyde ou cétone** (fonction carbonyle) ;
- parfois d'une **fonction acide ou aminée**.

Ils ont un **rôle énergétique et structural** : ils représentent 40 à 50 % des calories apportées par l'alimentation, sont des éléments de réserve énergétique chez les végétaux et les animaux (sous forme d'amidon et de glycogène), des éléments de soutien des cellules (cellulose des végétaux) et participent à la formation de molécules fondamentales telles que les acides nucléiques, les vitamines, des coenzymes.

Classification

Les **oses** sont classés en fonction de plusieurs critères :
- Le **nombre d'atomes** de carbone (3 : triose ; 6 : hexose).
- La **nature du groupement carbonyle** (aldéhyde : aldose ; cétone : cétose).
- La **combinaison des deux** (aldopentose, aldohexose, cétopentose, cétohexose).

Lorsque les oses sont représentés selon la représentation de Fischer (de façon linéaire en plaçant la fonction carbonyle vers le haut), en fonction de la position de l'hydroxyle le plus éloigné de la fonction carbonyle, on distingue les séries D (hydroxyle à droite) et L (hydroxyle à gauche) (figure 2).
Certains oses ont la même formule brute mais des formules développées différentes : on parle d'**isomères**. Le terme d'**épimères** est réservé aux isomères qui ne diffèrent que par l'orientation des substituants du carbone 2. Ainsi, le glucose et le mannose sont des épimères, tandis que le glucose et le galactose sont des isomères.
En solution, les oses existent sous forme cyclique. Le cycle est formé par une liaison dans la molécule d'ose entre la fonction carbonyle (aldéhyde ou cétone) et un hydroxyle alcoolique : on parle de liaison hémiacétalique. Le cycle résultant de cette liaison est appelé pyranique s'il comprend six sommets, furanique s'il en comprend cinq.

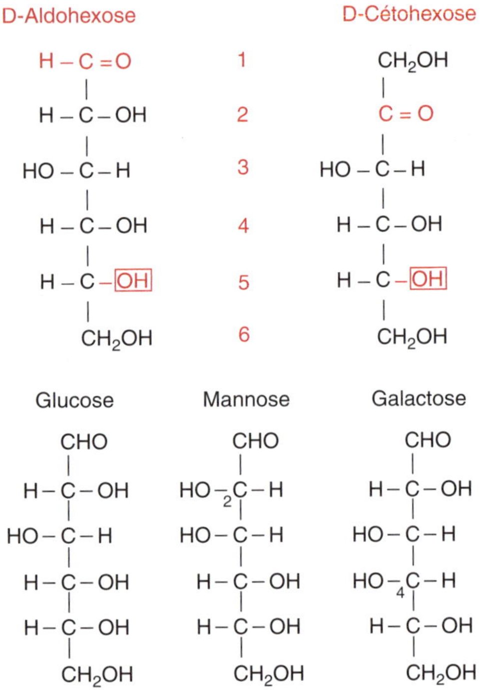

Figure 2. Exemple d'oses : représentation de Fischer.

Les oses existent sous **forme polymérisée**, liés entre eux par des **liaisons osidiques** : on parle d'**osides**. On distingue les **holosides** constitués uniquement d'oses (diholosides, oligosides, polyosides en fonction du nombre d'oses), et les **hétérosides** dont l'hydrolyse libère des oses et une partie non osidique appelée aglycone.

Oses

Oses simples

Glucose

C'est l'ose le **plus abondant de notre organisme**, et sa principale source d'énergie. Sa polymérisation donne naissance au glycogène et à l'amidon.

Mannose

Il est présent notamment dans les végétaux et est nécessaire à la synthèse de glycoprotéines.

Galactose

Il provient de notre alimentation (notamment du lait) et entre dans la composition du lactose.

Fructose

On le trouve surtout dans les fruits. Il est aussi présent dans le saccharose sous forme furanique.

Ribose et désoxyribose

Sous forme furanique, ils entrent dans la composition des acides nucléiques (ARN pour le ribose, ADN pour le désoxyribose).

Dérivés d'oses biologiques

Dérivés aminés

On peut citer la **glucosamine** et la **galactosamine**, dans lesquelles l'hydroxyle en position 2 est remplacé par une fonction amine, parfois acétylée. Ces deux dérivés entrent dans la composition des résidus glycosaminoglycanes, des glycolipides et des glycoprotéines.

Dérivés acides

Acides aldoniques

Ils sont obtenus par oxydation de la fonction hémiacétalique des aldoses par les halogènes. **Exemple** : acide gluconique.

Acides uroniques

Ils sont obtenus par oxydation de la fonction hydroxyle en position 6. On peut citer l'acide glucuronique, qui entre dans la composition des glycosaminoglycanes et est impliqué dans les processus de détoxification hépatique.

Acide sialique ou acide N-acétylneuraminique

Il est obtenu par condensation de l'acide pyruvique et de la D-mannosamine. Il intervient dans la composition des glycolipides et des glycoprotéines.

Acide ascorbique ou vitamine C

Cette vitamine hydrosoluble est le cofacteur de la prolylhydroxylase nécessaire à la synthèse de l'hydroxyproline, un des constituants du collagène. La vitamine C intervient aussi dans la synthèse de stéroïdes.

Osides

Ce sont des molécules dont l'hydrolyse fournit deux ou plusieurs molécules d'oses, identiques ou différentes. Elles sont reliées par une liaison osidique.

Diholosides

Ils sont constitués de deux oses.

Maltose
Constitué de deux molécules de glucose, il provient de l'hydrolyse de l'amidon ou du glycogène par des amylases. Il est hydrolysé par une enzyme spécifique, la maltase.

Lactose
Il comprend une molécule de glucose et une molécule de galactose. On le trouve dans le lait. Il est hydrolysé par la lactase.

Saccharose
Il est constitué d'une molécule de glucose et d'une molécule de fructose. Il est présent dans les végétaux ainsi que dans le sucre de table. Il est hydrolysable par voie enzymatique par une α-glycosidase ou par une β-fructosidase.

Polyosides

Amidon
Constitué de plusieurs milliers de molécules de glucose, ce polymère ramifié est une **substance de réserve** présente chez les végétaux.

Glycogène
C'est un polymère de glucose présentant des ramifications plus nombreuses que l'amidon. Présent dans le foie et les muscles, c'est la **forme de stockage du glucose chez les animaux**.

Cellulose
C'est un polymère de glucose non ramifié, présent chez les végétaux. Elle forme une structure fibreuse extracellulaire qui sert de squelette aux plantes. La cellulose n'est pas digérée par l'homme. Les fibres végétales constituent donc un **aliment de lest** éliminé avec les matières fécales.

Lipides

Ce terme désigne les acides gras et leurs esters. Ce sont des **molécules hydrophobes**, qui ont un **rôle structural, énergétique**, et sont des précurseurs de certaines hormones et de *seconds messagers*.

Acides gras

Ce sont des monoacides linéaires comprenant un nombre pair d'atomes de carbone. Leur formule peut s'écrire : CH_3-(CH_2)n-COOH. Leurs propriétés physicochimiques diffèrent en fonction de la longueur de la chaîne. Certains sont **saturés** (acide palmitique présent dans les huiles végétales, graisses animales) ou **insaturés**. La position de la double liaison peut s'exprimer à partir du groupement acide (symbole Δ) ou à partir du dernier groupement méthyle (symbole ω).
Parmi les acides gras insaturés, on distingue :

- les **acides gras monoinsaturés** : ils possèdent une seule double liaison. Ex. : l'acide oléique C18 : 1 ω9 ;
- les **acides gras polyinsaturés** : ils possèdent plusieurs doubles liaisons. La première double liaison peut être située en ω6 (acide linoléique C18 : 2 ω6 qui donne naissance dans l'organisme à l'acide arachidonique, précurseur des prostaglandines), ou en ω3 (acide linolénique C18 : 3 ω3).

Certains acides gras comme les acides linoléique et linolénique sont **indispensables.**
Les acides gras peuvent être utilisés pour produire de l'ATP. Ils entrent aussi dans la constitution de molécules complexes à rôle structural.

Glycérides

Ce sont des esters du glycérol avec un (monoglycéride) ou plusieurs acides gras (di- et triglycérides). Ce sont les lipides naturels les plus nombreux présents dans le tissu adipeux, les huiles végétales. Les **triglycérides** représentent une **réserve énergétique importante chez l'homme**. En cas de besoin, ils sont hydrolysés par la lipase hormonosensible pour libérer des acides gras, utilisés pour produire de l'ATP.

Stérides

Ce sont des esters d'acides gras et de cholestérol. Le **cholestérol** est une molécule composée de trois cycles hexagonaux et d'un cycle pentagonal, apportée par l'alimentation et synthétisée par le foie. Dans le sang, les lipoprotéines transportent les stérides : les LDL, athérogènes, les acheminent du foie vers les tissus périphériques, tandis que les HDL les transportent des tissus périphériques vers le foie. Le cholestérol entre dans la composition des membranes cellulaires. C'est aussi un précurseur des hormones stéroïdes, de la vitamine D et des sels biliaires.

Glycérophospholipides

Ce sont des esters d'acide phosphatidique (comprenant une molécule de glycérol, deux acides gras et une molécule d'acide phosphorique)

et d'alcool. Les deux acides gras ont une chaîne longue, le deuxième étant souvent insaturé. Selon la nature de l'alcool, on distingue plusieurs classes : phophatidyléthanolamine, phophatidylsérine, phosphatidylcholine, phosphatidylinositol. Ces molécules sont **amphiphiles** : elles possèdent une **partie hydrophile** (acide phosphorique) et une **partie hydrophobe** (acides gras). En s'organisant en double feuillet, elles entrent dans la composition des membranes biologiques.
Leur hydrolyse par des phospholipases conduit à la synthèse de médiateurs lipidiques (prostaglandines, leucotriènes).

Protides

Acides aminés

Les acides aminés sont les constituants de base des protéines. Ils sont caractérisés par la présence dans leur structure d'une fonction acide carboxylique et d'une fonction amine. Ils diffèrent par un radical qui leur confère des propriétés physico-chimiques spécifiques. Il existe **vingt acides aminés**. Neuf d'entre eux sont **essentiels**, c'est-à-dire que notre organisme ne peut pas les synthétiser. Certains comme l'arginine sont essentiels uniquement au cours de certaines périodes de la vie.

Protéines

Ce sont des polymères d'acides aminés reliés entre eux par des liaisons peptidiques formées par la condensation d'une fonction amine d'un acide aminé et d'une fonction carboxylique d'un autre acide aminé. Elles sont synthétisées dans la cellule au niveau du réticulum endoplasmique rugueux et peuvent subir des modifications post-traductionnelles dans l'appareil de Golgi. Elles ont des **fonctions structurales** (protéines du cytosquelette), **immunitaires** (immunoglobulines), **hormonales**, interviennent dans le transport de l'oxygène, des médicaments, la communication intercellulaire, et catalysent certaines réactions.

Structure primaire

Il s'agit de la **séquence**, c'est-à-dire de l'ordre d'enchaînement, des acides aminés. Par convention, le premier acide aminé est celui dont la fonction aminée n'est pas engagée dans une liaison peptidique, le dernier étant celui dont la fonction acide carboxylique n'intervient pas dans une liaison peptidique.

Structure secondaire

Elle correspond au **repliement local de la chaîne peptidique**, stabilisé par des liaisons hydrogène. On trouve ainsi des **hélices** α (repliement hélicoïdal caractérisé par la formation de liaisons hydrogène entre le carbonyle-CO d'un résidu n et l'amine-NH d'un résidu n+4), des **feuillets β** (structure dans laquelle des portions de chaîne sont repliées les unes à côté des autres, dans le même sens [feuillet β parallèle] ou en sens inverse [feuillet β antiparallèle], les liaisons hydrogène s'établissant alors entre résidus distants).

Structure tertiaire

Elle correspond à la **structure tridimensionnelle de la chaîne peptidique**. Elle est le fait de liaisons hydrogène, hydrophobes ou covalentes entre des résidus distants d'une même chaîne peptidique.

Structure quaternaire

Il s'agit de l'**association de plusieurs chaînes peptidiques** ou sous-unités par des liaisons hydrogène, hydrophobes, covalentes pour former des oligomères.

Des protéines particulières, les enzymes

Les enzymes sont des protéines capables de **catalyser des réactions** au cours desquelles des substrats sont transformés en produits. À faible concentration, elles augmentent la vitesse des réactions chimiques sans en modifier le résultat. Elles restent inchangées à la fin de la réaction. Leur activité est influencée par les conditions de pH, de température, par leur état de phosphorylation, et par la présence d'activateurs ou d'inhibiteurs. La présence de cofacteurs (ions, vitamines) est souvent nécessaire. Il existe **six classes d'enzymes** : oxydoréductase, transférase, hydrolase, lyase, isomérase, ligase ou synthétase (tableau 2).

Tableau 2. **Les différentes classes d'enzymes.**

Classes d'enzymes	Réactions catalysées
Oxydoréductases	Réactions d'oxydoréduction
Transférases	Transfert de groupements fonctionnels
Hydrolases	Réaction d'hydrolyse : clivage d'une molécule par intervention d'une molécule d'eau
Lyases	Suppression d'un groupement avec apparition d'une double liaison ou fixation d'un groupement sur une double liaison
Isomérases	Réaction d'isomérisation
Ligases	Formation de liaisons covalentes avec consommation d'une molécule d'ATP

Vitamines

Voir tableau 3.

Tableau 3. Les différentes vitamines.

Vitamine	Besoins quotidiens	Source	Rôles	Conséquence d'une carence
Vitamine A ou rétinol	600–950 ER/j	Huile de poisson Œufs, foie, beurre Végétaux (carottes...) Produits laitiers	Maintien de l'intégrité épithéliale, différenciation cellulaire Vision (synthèse de la rhodopsine), immunité	Xérophtalmie, photophobie, baisse de l'acuité visuelle nocturne Cécité Infections
Vitamine D	5–10 μg/j	Huile de foie de morue Jaune d'œuf Poisson gras Foie	Absorption intestinale du calcium Réabsorption rénale du calcium et du phosphore Minéralisation des os et du cartilage de croissance	Ostéomalacie Rachitisme
Vitamine E	12 mg/j	Légumes verts, huiles végétales Céréales	Propriétés antioxydantes	Hémolyse Syndrome neurodégénératif
Vitamine K	0,1 à 1 μg/kg/j	Légumes verts, foie, œufs Bactéries de la flore intestinale	Activation des facteurs II, VII, IX, X de la coagulation, des protéines C et S	Syndrome hémorragique
Vitamine B1 ou thiamine	1,1–1,8 mg/j	Levure, blé, maïs, cuticule de riz	Cofacteur enzymatique (décarboxylation, transcétolisation, néoglucogenèse)	Béribéri (troubles neurologiques et cardiopathie)

Vitamine	Besoins quotidiens	Source	Rôles	Conséquence d'une carence
Vitamine B2 ou riboflavine	1,5–1,8 mg/j	Laits, abats, enveloppes de graines	Oxydoréduction Synthèse du glutathion	Atteinte cutanéomuqueuse Cataracte, cécité Anémie, neuropathie périphérique, dysplasies
Vitamine B3 ou PP ou niacine	11–15 mg/j	Abats, viandes, son de blé Levure de bière	Oxydoréduction	Pellagre : dermatite, diarrhée, démence
Vitamine B5 ou acide pantothénique	5–7 mg/j	Abats, jaune d'œuf Cuticule de riz Levure de bière	Métabolisme protidique, glucidique, lipidique	Asthénie, faiblesse musculaire, fragilité cutanée, alopécie, troubles digestifs et neurologiques
Vitamine B6 ou pyridoxine	1,5–2 mg/j	Viande, abats, jaune d'œuf Germe de blé	Transamination, décarboxylation Métabolisme des acides aminés	Troubles neuropsychiques Atteinte dermatologique, hématologique (rare)
Vitamine B8 ou biotine	50–55 µg/j	Abats Arachide, chocolat Jaune d'œuf	Carboxylation Métabolisme protidique et lipidique	Asthénie, anorexie, vomissements Atteinte cutanéomuqueuse (dermite, trophicité des phanères) Signes neuropsychiatriques (dépressions, hallucinations, paresthésies) Enfant : retard psychomoteur, ataxie, convulsions

Vitamine	Besoins quotidiens	Source	Rôles	Conséquence d'une carence
Vitamine B9 ou folates	300–400 μg/j	Légumes, fruits, levures Abats, céréales	Métabolisme des acides aminés Synthèse des acides nucléiques	Asthénie, anorexie Anémie macrocytaire arégénérative Signes neuropsychiatriques
Vitamines B12 ou cobalamines	2–3 μg/j	Produits animaux	Métabolisme des acides aminés Synthèse des acides nucléiques	Anémie macrocytaire arégénérative Troubles neurologiques Atrophie des muqueuses
Vitamine C ou acide ascorbique	110–130 mg/j	Fruits et légumes	Réactions d'hydroxylation (synthèse du collagène) Métabolisme du fer Réactions immunitaires Action antioxydante	Scorbut

PARTIE 2

La cellule

3. Cycle cellulaire

Cellule eucaryote

L'organisme humain est constitué de cellules eucaryotes caractérisées par la présence d'un noyau, par opposition aux cellules procaryotes. Chaque cellule est délimitée par une membrane plasmique qui sépare les milieux extracellulaire et intracellulaire, constitué du cytosol et des organites.

Membrane plasmique

Il s'agit d'une **bicouche lipidique** associée à des protéines qui exercent différentes fonctions : récepteurs, transporteurs, protéines participant aux interactions intercellulaires. On parle de modèle de la « mosaïque fluide ».

Lipides membranaires

Phospholipides

Ces **molécules amphiphiles** s'organisent en bicouche en solution aqueuse, le **pôle hydrophobe** vers l'intérieur de la membrane et la **tête hydrophile** vers l'extérieur. Ils constituent ainsi une barrière stable entre deux milieux aqueux : c'est la structure de base des membranes biologiques. Cette bicouche lipidique se comporte comme un fluide au sein duquel les molécules peuvent tourner sur elles-mêmes, glisser.

Cholestérol

Il s'insère dans la bicouche phospholipidique dont il **module la fluidité**.

Résidus glucidiques

Présents sur des glycoprotéines ou des glycolipides, ils jouent un rôle fondamental dans la **communication intercellulaire**.

Protéines membranaires

Elles interviennent dans de nombreuses fonctions de la membrane plasmique. Elles peuvent traverser la membrane de part en part (protéines intrinsèques) ou être associées à un seul feuillet lipidique (protéines extrinsèques).

Fonctions de la membrane plasmique

La membrane plasmique exerce plusieurs fonctions :

- **Protection** vis-à-vis du milieu extérieur.
- **Échanges** entre les milieux intracellulaire et extracellulaire. Les échanges peuvent se faire selon le gradient électrochimique de la molécule, par **diffusion passive** (les molécules diffusent librement à travers la bicouche phospholipidique), ou par **diffusion facilitée** (grâce à des canaux formant un pore dans la membrane ou à un transporteur capable de lier une molécule et de changer de conformation pour la transporter). Des échanges à l'encontre du gradient électrochimique sont possibles grâce à l'intervention de pompes, dont le fonctionnement nécessite la consommation d'énergie sous forme d'ATP. On parle alors de **transport actif**. L'endocytose permet à la cellule de capter des éléments du milieu extérieur, l'exocytose lui permettra de sécréter des substances dans le milieu extérieur.
- **Communication intercellulaire** : en exprimant des récepteurs à la membrane plasmique, les cellules peuvent recevoir des informations provenant d'autres cellules et adapter leur réponse à celles-ci.

Noyau

Délimité par l'enveloppe nucléaire, le noyau contient les **chromosomes** (constitués d'ADN associé à des protéines) et les éléments nécessaires à l'expression des **gènes**. Le nucléole est le lieu de synthèse des ARN ribosomaux. Des échanges avec le cytoplasme sont possibles par l'intermédiaire des pores nucléaires.

Organites

Ils baignent dans le **cytosol**, l'ensemble formant le **cytoplasme**. Chaque organite a un rôle défini.

Réticulum endoplasmique

Il s'agit d'un réseau de tubules et de citernes en communication avec l'enveloppe nucléaire, et occupant l'ensemble du cytoplasme. Le **réticulum endoplasmique lisse** est le lieu de synthèse de lipides, tandis que le **réticulum endoplasmique rugueux**, associé aux ribosomes, est le lieu de synthèse des protéines.

Appareil de Golgi

Il apparaît sous forme de vésicules et de citernes associées. C'est un organite polarisé, constitué du réseau cis-golgien, qui reçoit les protéines du réticulum endoplasmique, du cis-Golgi, du Golgi médian, du trans-Golgi puis du réseau trans-golgien. Dans cet organite, les protéines subissent des modifications post-traductionnelles avant d'être adressées soit vers un organite de destination, soit vers la membrane plasmique pour être sécrétées.

Mitochondries

Elles sont délimitées par une double membrane, la membrane interne présentant un grand nombre de crêtes qui font saillie dans la matrice mitochondriale. Les mitochondries constituent une véritable **usine de production d'énergie pour la cellule**. Elles disposent d'un arsenal enzymatique leur permettant de dégrader des substrats d'origine glucidique ou lipidique. Elles sont le lieu de synthèse de l'ATP (la monnaie énergétique de l'organisme) par le phénomène de phosphorylation oxydative.

Lysosomes

Les lysosomes apparaissent sous la forme de vésicules de taille variable. Délimités par une membrane unique, les lysosomes contiennent des enzymes capables de dégrader des protéines, des acides nucléiques, des glucides et des lipides.

Peroxysomes

Ces organites apparaissent sous la forme de vésicules délimitées par une seule membrane. Ils contiennent de nombreuses enzymes impliquées dans des réactions d'oxydation (catalase, oxydases), dans le métabolisme des acides gras, des acides biliaires, du cholestérol ou des plasmalogènes (constituants de la gaine de myéline des axones).

Cytosquelette

Les cellules eucaryotes possèdent un cytosquelette constitué de plusieurs types de filaments :

- les **microtubules**, constitués d'α et de β-tubuline ;
- les **filaments d'actine** ;
- les **filaments intermédiaires**.

Le cytosquelette participe au maintien de la structure cellulaire, au phénomène de mitose, de déplacement cellulaire. De plus, l'actine et les microtubules constituent des « rails » pour des protéines motrices telles que la dynéine et les kinésines, Ainsi, le cytosquelette participe au déplacement intracellulaire de vésicules ou d'organites.

Naissance et mort d'une cellule eucaryote

Le cycle cellulaire permet la production de deux cellules filles identiques

Le cycle cellulaire correspond à l'ensemble des modifications que subit une cellule entre deux divisions mitotiques, aboutissant à la production de deux cellules filles identiques. Sa durée est variable d'un type cellulaire à un autre. On distingue deux grandes phases, l'**interphase** et la **mitose**.

Interphase

Elle représente près de 90 % du cycle cellulaire. Elle comprend trois phases :

- la **phase G1** : la cellule croît et se prépare à dupliquer son ADN;
- la **phase S** : la cellule duplique son ADN.

La réplication de l'ADN se déroule dans le noyau et permet de former deux molécules d'ADN à partir d'une molécule initiale. Les deux brins constitutifs d'ADN sont séparés suite à l'action d'enzymes appelées hélicases. Ils servent de matrice pour la synthèse des brins complémentaires par l'ADN polymérase dans le sens 5' → 3'. Un brin est synthétisé de façon continue, l'autre de façon discontinue : les fragments seront reliés par une ligase;

- la **phase G2** : il s'agit d'une phase de croissance et de préparation à la mitose.

Mitose

Au cours de cette phase la cellule se divise et donne naissance à deux cellules filles identiques entre elles. Elle comprend quatre étapes (figure 3) :

- la **prophase** : la chromatine se condense, le nucléole disparaît. L'enveloppe nucléaire se fragmente et le fuseau mitotique se met en place;
- la **métaphase** : les chromosomes se placent sur la plaque équatoriale de la cellule;
- l'**anaphase** : les chromatides sœurs se séparent et se dirigent vers les pôles cellulaires. Les microtubules du fuseau s'allongent;
- la **télophase** : les chromatides séparées se libèrent des microtubules et se décondensent. L'enveloppe nucléaire se reconstitue autour de chaque groupe de chromosomes.

Il existe une étape supplémentaire, la **cytokinèse** ou **cytodiérèse** où les cellules filles se séparent grâce à l'intervention d'une ceinture d'actine et de myosine. Le réseau de microtubules interphasique se reforme. Le nucléole apparaît.

Après la mitose, les cellules peuvent entamer un nouveau cycle cellulaire (nouvelle phase G1) ou entrer dans en état quiescent G0.

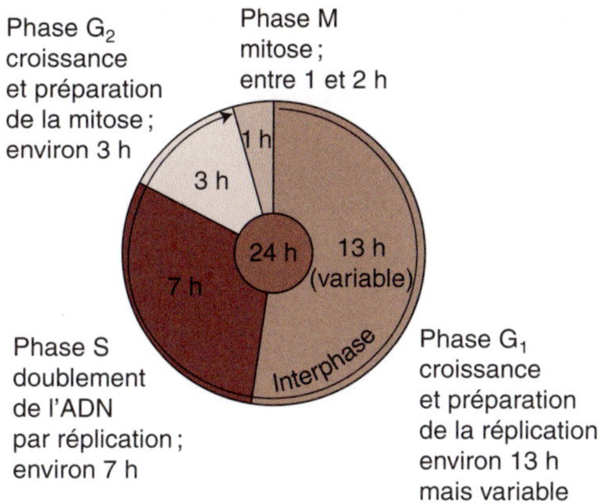

Figure 3. Les étapes du cycle cellulaire.

Régulation du cycle cellulaire

Le cycle cellulaire est régulé par des enzymes, les *cyclin-dependent kinases* (CdK). La succession normale des différentes phases ne peut avoir lieu que si les différentes CdK sont présentes et actives aux moments opportuns. Des points de contrôle permettent d'inhiber les CdK et d'arrêter le cycle cellulaire si l'étape précédente n'est pas terminée, ou si une réparation est nécessaire.

Mort cellulaire

Différents types de mort cellulaire existent, dont l'**apoptose** et la **nécrose**.

Apoptose

Appelée aussi **mort cellulaire programmée**, elle joue un rôle fondamental au cours du développement embryonnaire, dans l'homéostasie tissulaire ou l'établissement de la tolérance au soi. Elle se produit en réponse à des signaux internes (lésions de l'ADN, signaux inappropriés de prolifération) ou externes. Les cellules se rétractent, la chromatine se condense, des corps apoptotiques se forment. Ils seront phagocytés par les macrophages sans réaction inflammatoire associée car aucun élément intracellulaire n'entre en contact avec le milieu extracellulaire.

Nécrose

Elle résulte de lésions irréversibles. La cellule gonfle, les membranes deviennent perméables et le contenu cellulaire se déverse dans le milieu extracellulaire, ce qui est à l'origine d'une réaction inflammatoire.

4. Différenciations cellulaires

- La fécondation d'un **ovocyte** par un **spermatozoïde** permet la formation d'un **zygote**, une cellule capable de former un organisme entier par division successive.
- Jusqu'au 4e jour de vie, les cellules embryonnaires sont des **cellules souches totipotentes** : elles sont capables de donner naissance à tous les types cellulaires et sont les seules à permettre le développement complet d'un individu.
- Entre le 5e et le 7e jour de vie, les **cellules souches embryonnaires pluripotentes** pourront former n'importe quel tissu, mais ne seront pas capables de donner naissance à un organisme entier.
- Enfin, des **voies de différenciation**, c'est-à-dire l'acquisition de caractéristiques morphologiques et fonctionnelles, vont se mettre en place : les **cellules souches multipotentes** pourront alors être à l'origine de plusieurs types cellulaires.

5. Types et structures cellulaires

Les cellules s'associent selon une organisation spécifique pour former des tissus. On parle de **tissu simple** si toutes les cellules le composant sont du même type, mais la plupart des tissus contiennent un mélange de cellules aux fonctions différentes : on parle alors de **tissus composés**. Des tissus peuvent s'associer pour former un organe.
On distingue quatre grands types de tissus : les épithéliums, les tissus conjonctifs, les tissus musculaires et nerveux.

Épithéliums

Ce sont des ensembles de **cellules étroitement cohésives** qui recouvrent ou bordent les surfaces de l'organisme et constituent les unités fonctionnelles des glandes sécrétoires. Leur classification repose sur le nombre de couches cellulaires et la forme des cellules (pavimenteuses, cubiques ou cylindriques). On distingue ainsi les **épithéliums simples** (une seule couche de cellules), **stratifiés** (plusieurs couches de cellules) ou **pseudo-stratifiés** (seules les cellules cylindriques atteignent la face luminale).
Les **cellules épithéliales sont polarisées** : elles possèdent un pôle apical (en contact avec l'extérieur ou la lumière de l'organe) présentant des structures importantes pour les fonctions de l'épithélium, et un pôle basolatéral (en contact avec la lame basale), où se trouvent des complexes jonctionnels, des molécules d'adhérence cellulaire.
Les épithéliums interviennent dans des phénomènes de protection, d'absorption, de transport, de sécrétion (glandes), d'excrétion (rein), d'échanges gazeux (alvéoles pulmonaires).

Tissus conjonctifs

Ce sont des **tissus de soutien**, constitués de cellules conjonctives et d'une matrice extracellulaire contenant des fibres de collagène, des glycoprotéines et des protéoglycanes. Les cellules conjonctives jouent un rôle important dans le stockage de métabolites, les réponses immunitaires et inflammatoires, et dans la réparation tissulaire après une lésion.

On distingue plusieurs types de tissus conjonctifs :

- le **tissu conjonctif embryonnaire** : formé au cours du développement précoce de la grossesse, on le retrouve surtout au niveau du cordon ombilical. Il est essentiellement constitué d'une matrice extracellulaire hydrophile;
- le **tissu conjonctif commun** : il présente une grande diversité structurale. En fonction de la proportion de cellules par rapport aux fibres, on distingue le tissu conjonctif lâche, présent au niveau des muqueuses et des sous-muqueuses, et le tissu conjonctif dense retrouvé au niveau des tendons et des ligaments. À l'inverse du tissu conjonctif lâche, il contient plus de fibres de collagène que de cellules;
- le **tissu conjonctif spécialisé** : il est doté de propriétés particulières. On peut citer notamment :
  - le **tissu adipeux** : les cellules le constituant sont les adipocytes, et il comprend peu de matrice. C'est la principale réserve énergétique de l'organisme,
  - le **cartilage** : il est constitué de chondrocytes et d'une matrice plus ou moins dense, non calcifiée. Il joue un rôle de soutien et de résistance mécanique,
  - l'**os** : c'est un tissu conjonctif rigide constitué notamment d'ostéocytes et d'une matrice extracellulaire calcifiée. Il exerce une fonction de soutien et de protection du corps et des organes,
  - le **tissu hématopoïétique** : dans les vaisseaux sanguins, ce tissu est constitué d'hématies, de leucocytes et de thrombocytes, la matrice étant le plasma. Il est fondamental pour le transport d'oxygène, de nutriments, l'élimination de déchets cellulaires, l'hémostase et les réactions immunitaires.

Tissu nerveux

Il est constitué de **cellules nerveuses** (les **neurones**), de **cellules de soutien** (cellules de la macroglie), de **cellules immunitaires** (cellules de la microglie). Grâce aux neurones, le tissu nerveux permet une communication rapide entre différentes régions de l'organisme et une réponse adaptée aux différentes informations reçues.

Tissus musculaires

Il existe trois types de tissu musculaire :

- le **muscle strié squelettique** : les fibres musculaires squelettiques sont des syncitia plurinucléés mesurant 50 à 60 μm de diamètre chez l'adulte et jusqu'à 10 cm de long. Les muscles squelettiques sont impliqués dans les mouvements volontaires et dans le maintien de la posture;

- le **muscle strié cardiaque** : les cellules le constituant sont mononucléées et courtes. Les longues fibres cardiaques sont formées par la juxtaposition de cellules communiquant par des jonctions cellulaires;
- le **muscle lisse** : les protéines contractiles sont moins organisées que dans les cellules musculaires striées. Les muscles lisses sont présents dans la paroi des viscères creux, des vaisseaux sanguins.

6. Communication intercellulaire

Pour exercer leurs fonctions et coordonner leurs activités, les cellules doivent communiquer entre elles. Pour cela, elles peuvent :

- utiliser des **signaux diffusibles**;
- établir un **contact avec la membrane plasmique des cellules adjacentes**;
- établir un **contact cytoplasmique direct** grâce à des jonctions communicantes.

L'utilisation de signaux diffusibles peut se faire de trois façons :

- **signalisation autocrine** : la substance libérée agit sur la cellule qui l'a produite;
- **signalisation paracrine** : les médiateurs libérés atteignent leurs cibles par diffusion sur de courtes distances;
- **signalisation endocrine** : la substance sécrétée est libérée dans le sang, distribuée dans l'organisme et agit à distance sur des tissus cibles.

Les molécules de signalisation peuvent être hydrophiles ou hydrophobes, il peut s'agir de protéines, de gaz comme le monoxyde d'azote. Leur poids moléculaire est aussi très variable allant de quelques centaines à plusieurs dizaines de milliers de daltons.

Elles se lient à des récepteurs spécifiques, localisés à la membrane plasmique pour les molécules hydrophiles ou dans le cytoplasme pour les molécules hydrophobes qui devront auparavant traverser la membrane plasmique. L'activation de ces récepteurs pourra induire la production de *seconds messagers* en activant des enzymes, des canaux ioniques, ou modifier l'expression de certains gènes.

7. Cellules excitables

On appelle cellules excitables des cellules capables de moduler leur activité en réponse à un stimulus électrique. Parmi elles, on peut citer les **cellules neuronales** et les **cellules musculaires** (figure 4).

Neurones

Structure

Les neurones comprennent :
- un **corps cellulaire** aussi appelé **soma** ou **péricaryon**, contenant notamment le noyau du neurone;

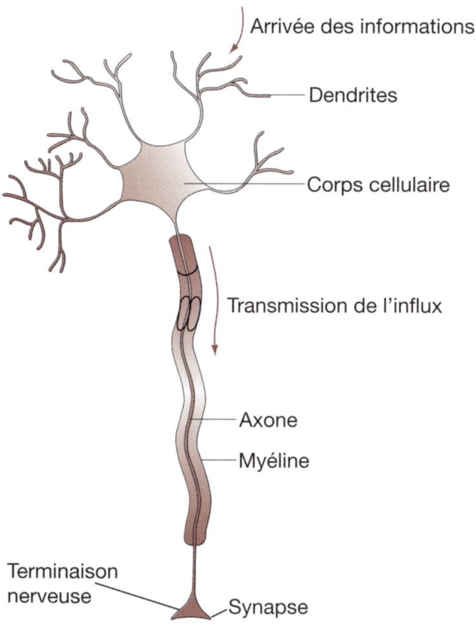

Figure 4. Structure d'un neurone.

- des **neurites**, prolongements dont il existe deux types :
  - les **dendrites**, qui reçoivent des informations d'autres neurones : courts et nombreux, ils conduisent l'influx nerveux vers le corps cellulaire,
  - l'**axone** : unique et parfois très long, il conduit l'influx nerveux du corps cellulaire vers ses cibles. L'axone peut être recouvert d'une gaine de myéline, interrompue par les nœuds de Ranvier.

En raison de la répartition inégale des ions de part et d'autre de la membrane plasmique, on observe une différence de potentiel entre les milieux intracellulaire et extracellulaire. On parle de **potentiel de repos**.

Transmission de l'influx nerveux

Les neurones sont capables de transmettre un influx nerveux au niveau de région spécialisée, les **synapses**. Il existe plusieurs types de synapses :

- les **synapses électriques** : elles sont aussi appelées jonctions communicantes ou *gap junction*. Les membranes plasmiques des neurones sont accolées l'une à l'autre; et les signaux électriques sont transmis d'une cellule à l'autre sans intermédiaire chimique. Ce type de synapse permet une propagation rapide des potentiels d'action entre les neurones et la synchronisation de la contraction de certaines cellules musculaires;
- les **synapses chimiques** : la transmission de l'information se fait grâce à la libération de neurotransmetteurs dans la fente synaptique. Chaque synapse chimique comprend :
  - un **élément présynaptique** : il contient des vésicules de neurotransmetteurs,
  - une **fente synaptique** : espace mince séparant les membranes des neurones,
  - un **élément post-synaptique** : il s'agit le plus souvent d'une dendrite (synapse axo-dendritique) ou d'un corps cellulaire (synapse axo-somatique).

L'arrivée du potentiel d'action au niveau de la région présynaptique entraîne l'ouverture de canaux calciques voltage-dépendants. Du calcium entre alors dans le neurone présynaptique et permet la libération de neurotransmetteur par exocytose.

Le neurotransmetteur libéré se fixe sur des récepteurs situés sur le neurone post-synaptique. Il existe plusieurs types de récepteurs :

- les **récepteurs ionotropiques** sont des récepteurs canaux. Dans le cas des récepteurs au glutamate ou à l'acétylcholine présents sur des synapses excitatrices, leur ouverture permet l'entrée de sodium,

provoquant une dépolarisation et un potentiel post-synaptique excitateur. Les récepteurs au GABA présents sur les synapses inhibitrices permettent l'entrée d'ions chlorure, générant une hyperpolarisation et un potentiel synaptique inhibiteur ;
- les **récepteurs métabotropiques** : ces récepteurs sont couplés à des protéines G et modifient l'activité de canaux ioniques.

Au niveau post-synaptique, dans le cas d'une synapse excitatrice, l'activation de ces récepteurs induit une dépolarisation membranaire locale. Si la somme des dépolarisations dépasse un certain seuil, un potentiel d'action va apparaître : c'est la loi du tout ou rien. Ce potentiel d'action est une inversion brutale et transitoire du potentiel de membrane.

La phase ascendante du potentiel d'action est générée par l'ouverture de canaux sodiques, permettant l'entrée d'ions sodium dans la cellule. La repolarisation est possible grâce à l'inactivation des canaux sodiques et à l'ouverture de canaux potassiques voltage-dépendants, permettant aux ions potassium de sortir de la cellule. Le potentiel d'action est suivi d'une phase d'hyperpolarisation en raison de l'ouverture prolongée des canaux potassiques. Enfin, la fermeture des canaux sodiques et potassiques et l'activité de la pompe Na/K ATPase permettent de rétablir un potentiel de membrane égal au potentiel de repos.

Le **potentiel d'action** se propage de façon unidirectionnelle, sans atténuation, de proche en proche ou de façon saltatoire, c'est-à-dire de nœud de Ranvier en nœud de Ranvier. Ce dernier type de propagation accélère la vitesse de conduction.

Cellules musculaires

Les cellules musculaires sont capables de transformer de l'énergie chimique en travail mécanique grâce au matériel protéique contractile qu'elles possèdent.

Il existe différents types de muscles :
- les **muscles striés squelettiques** : ils sont insérés sur le squelette. Les cellules musculaires y sont syncitiales, plurinucléées ;
- le **muscle strié cardiaque** : les cellules musculaires sont uninucléées. On y trouve de nombreuses jonctions communicantes ;
- les **muscles lisses** : ils sont présents dans la paroi des vaisseaux sanguins, du tube digestif.

Structure d'une cellule musculaire striée squelettique

Ces cellules contiennent des filaments fins d'actine et des filaments épais de myosine organisés en sarcomères, dont l'association forme des myofibrilles.

Filaments épais de myosine

Ils sont constitués par l'assemblage régulier de molécules de myosine. Chaque molécule de myosine est constituée de deux chaînes lourdes et de deux paires de chaînes légères. Chaque chaîne lourde comprend une queue fibrillaire carboxyterminale, une tête globulaire aminoterminale à activité ATPasique et un domaine de jonction déformable, reliant les deux domaines précités. Les deux chaînes lourdes sont accolées l'une à l'autre et forment un axe torsadé d'où émergent les têtes globulaires.

Filaments fins d'actine

Ce sont des polymères d'actine. Les filaments fins forment deux à deux une double hélice. Ils sont associés à des protéines régulant la contraction musculaire : la **tropomyosine** et la **troponine**. Cette dernière comprend trois sous-unités :

- la **troponine T** responsable de la liaison tropomyosine-troponine;
- la **troponine I** capable d'inhiber l'activité ATPasique de la myosine;
- et la **troponine C** qui se lie au calcium.

Structure d'un sarcomère

La répartition des deux types de filaments est responsable de la formation de régions de structures différentes, à l'origine de la striation transversale des myofibrilles.

Les filaments épais, situés au centre du sarcomère, forment le disque sombre ou disque A. La partie centrale du disque sombre comprend uniquement des filaments épais, tandis que les deux types de filaments se chevauchent dans les parties latérales de ce disque.

Au niveau des disques I ou disques clairs, on ne trouve que des filaments fins d'actine. Constitués d'α-actinine, les disques Z relient les extrémités des filaments fins de chaque sarcomère entre elles et avec les filaments fins des sarcomères adjacents.

Les cellules musculaires contiennent également de nombreuses mitochondries qui fourniront l'énergie nécessaire à la contraction, un réticulum sarcoplasmique contenant de grandes quantités d'ions calcium, et un système transversal de canalicules appelé système T, représentant des invaginations de la membrane plasmique, riches en canaux calciques, qui pénètrent dans le cytoplasme et cheminent autour des myofibrilles et des citernes du réticulum sarcoplasmique.

Jonction neuromusculaire

Il s'agit de la **synapse entre un motoneurone et une cellule musculaire**. L'extrémité axonale présynaptique repose sur la membrane plasmique de la cellule musculaire, séparée de celle-ci par la fente synaptique. Lorsqu'un potentiel d'action arrive au niveau présynaptique, des canaux calciques voltage-dépendants s'ouvrent, permettant un influx de calcium et rendant possible l'exocytose de vésicules contenant de l'acétylcholine. Celle-ci se lie à son récepteur situé sur la membrane plasmique de la cellule musculaire, ce qui permet l'entrée de sodium dans le myocyte, sa dépolarisation et sa contraction. L'acétylcholine sera dégradée par l'acétylcholinestérase présente dans la fente synaptique : la choline sera recaptée par le neurone présynaptique, et l'acétate sera éliminé.

Couplage excitation-contraction

La dépolarisation pénètre au cœur de la cellule grâce aux tubules transverses et est à l'origine de la libération de calcium à partir du réticulum sarcoplasmique. Le calcium libéré se fixe sur la troponine C, ce qui induit la rupture de la liaison troponine I-actine, le déplacement de la tropomyosine, et la liaison de l'actine et de la myosine. Le phosphate inorganique (Pi) et l'ADP présents au repos sur la myosine se dissocient de celle-ci. La conformation de la myosine change, permettant le glissement des filaments d'actine le long des filaments de myosine, et la contraction musculaire. La liaison d'une molécule d'ATP sur la myosine est à l'origine de la dissociation du complexe actine-myosine. L'hydrolyse de l'ATP en ADP et Pi induit un changement de conformation de la myosine et son retour en position initiale. L'actine glisse passivement le long des filaments de myosine ce qui permet la relaxation musculaire.

PARTIE 3

La génétique

8. Cellule eucaryote et cellule procaryote

Cellule procaryote

Cellule **sans noyau** constituée d'un cytosol délimité par une paroi et une membrane cellulaire, dans lequel se trouvent des organites cellulaires : des ribosomes, un mésosome (invagination membranaire) et un matériel nucléaire, l'ADN (figure 5).

- **Plasmide** : certaines bactéries contiennent en plus de l'ADN, un matériel génétique surnuméraire. Ce matériel génétique circulaire est transmissible d'une bactérie à l'autre par des mécanismes de contact particuliers. Ces plasmides confèrent à la bactérie receveuse des gènes supplémentaires, notamment des gènes de résistance.

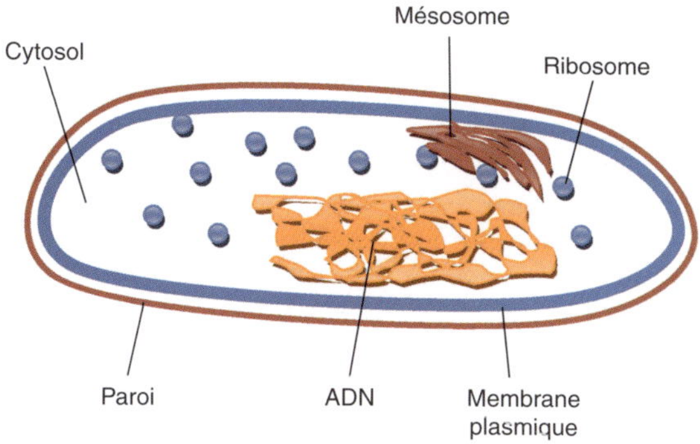

Figure 5. Cellule procaryote.

Cellule eucaryote

Cellule complexe présentant quelques éléments spécifiques différents de la cellule procaryote : elle n'a pas de paroi et le cytosol, délimité par une membrane plasmique, est composé de plusieurs organites à fonction bien définie. On retrouve le noyau où est logé l'ADN sous forme de chromatine, et le cytoplasme où sont regroupés tous les organites (figure 6).

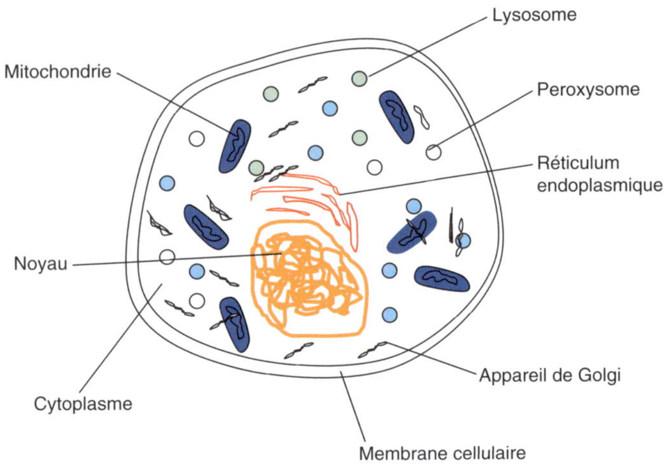

Figure 6. Cellule eucaryote.

- Le noyau est délimité par une enveloppe nucléaire à pores. Il contient la **chromatine** et le **nucléole**.
- Le cytoplasme est composé de deux sous-parties : le hyaloplasme (constituant aqueux cellulaire) et le morphoplasme (constituants organiques cellulaires).

Les **organites cellulaires** (morphoplasme) :

- **appareil de Golgi** : joue un rôle dans la maturation et l'exocytose des protéines;
- **cytosquelette** : ensemble de protéines polymérisées responsables des propriétés mécaniques de la cellule (actine, myosine, microtubules, filaments intermédiaires…);
- **lysosomes**, **peroxysomes** : vésicules riches en enzymes de dégradation protéique;
- **mitochondries** : organites de synthèse d'énergie sous forme d'ATP;
- **réticulum endoplasmique** : lieu de formation des protéines transitant vers l'appareil de Golgi;
- **ribosomes** : particules liées ou non à la face externe du réticulum endoplasmique dont la fonction est la traduction du messager (ARNm).

9. Bases moléculaires du matériel génétique

Le matériel génétique est porté par l'ADN, une macromolécule qui, associée à des protéines, se présente sous des formes différentes. Ces formes correspondent à plusieurs étapes du cycle cellulaire.

Chromatine

Ensemble de fibres dites fibres de chromatine localisées au niveau nucléaire et constituées d'ADN et de protéines dont les histones. Les constituants sont structurés sous forme de nucléosomes reliés entre eux par une histone (histone H1) (figure 7).
Les fibres de chromatine sont plus ou moins condensées. La réplication nécessite le passage de la fibre de chromatine de la forme condensée vers la forme décondensée.

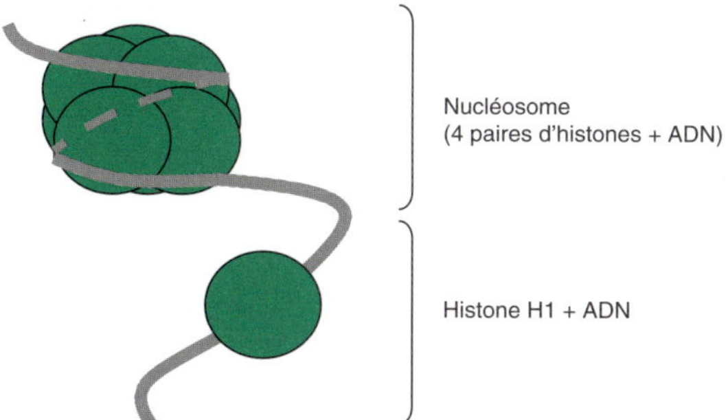

Figure 7. Structure de la chromatine.

Nucléosome

Ensemble de quatre paires de molécules d'histones (octamères d'histones) entouré d'un segment d'ADN.

Histones

Protéines nucléaires capables de réguler la condensation et la décondensation de la chromatine.

Chromosomes

Les chromosomes correspondent à une forme structurale de la chromatine variant pendant le cycle cellulaire. La forme chromosomique la plus condensée est visible à la métaphase de la mitose. La chromatine est dans un état superspiralé et s'organise autour d'un axe protéique non histone.

ADN

L'acide désoxyribonucléique (ADN) est la structure biochimique macromoléculaire en double brin du matériel génétique. Il est le **support de l'information génétique**. Il contient l'ensemble des gènes codant les protéines. La transcription d'une partie de ce support génétique confère à la cellule une fonction et des propriétés spécifiques. Chez un individu, chaque cellule contient la même information génétique sous forme d'ADN.

Au niveau moléculaire

L'ADN est composé d'une série de **nucléotides**. Les nucléotides sont assemblés par des ponts d'acide phosphorique appelés **liaisons phosphodiesters** pour former une longue chaîne polymérique de nucléotides appelée **brin**.

Le **nucléotide** est composé de trois éléments (figure 8) :

- la base : A, G, C ou T ;
- le sucre : 2'-désoxyribose ;
- l'acide phosphorique situé en C5'du ribose.
- Les **bases** : il existe quatre bases organiques azotées dites bases puriques et bases pyrimidiques :
  - les bases puriques sont **adénine (A)** et **guanine (G)** ;
  - les bases pyrimidiques sont **cytosine (C)** et **thymine (T)**.

Ces bases permettent la formation de quatre nucléotides différents lorsqu'elles sont associées au désoxyribose et à l'acide phosphorique (figure 9).

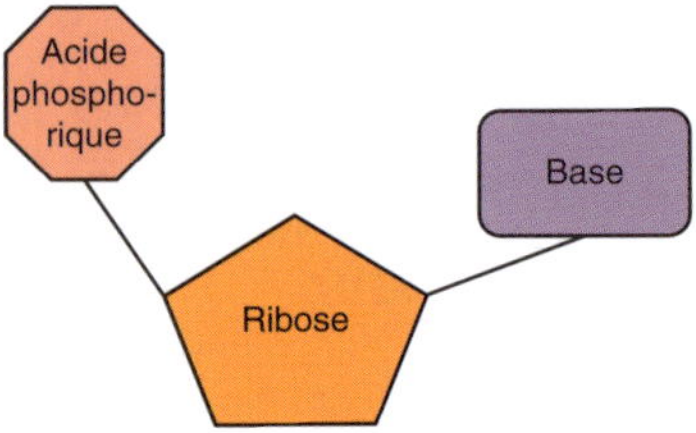

Figure 8. Nucléotide.

- Le **pentose** : il s'agit du 2'-désoxyribose (absence de groupement OH en C2'). Ce dérivé de pentose est obtenu par réduction du ribose (figure 10).
- L'**acide orthophosphorique** : situé en C5' du pentose, il assure la liaison entre les nucléotides pour former le polymère de nucléotides (figure 11).

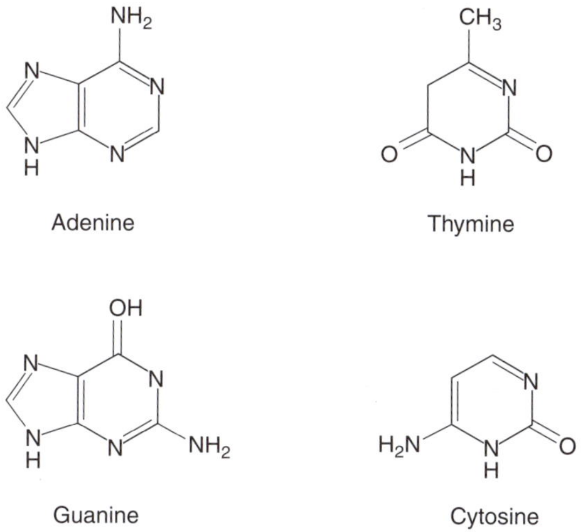

Figure 9. Les quatre bases organiques azotées.

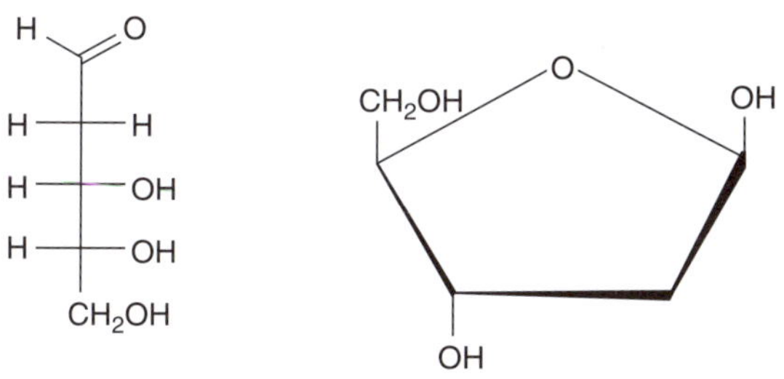

Figure 10. 2'-déoxyribose.

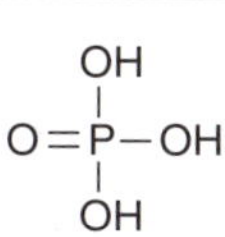

Figure 11. Acide orthophosphorique.

Au niveau structural

L'ADN est formé d'une structure **en double hélice** qui se constitue de **deux brins antiparallèles** (l'un orienté vers le sens 3'-5' et l'autre vers le sens 5'-3'). Les deux brins sont complémentaires l'un de l'autre. Les bases sont appariées par complémentarité.

Liaisons interbrins

Les liaisons entre les deux brins sont des liaisons hydrogène (liaisons de faible énergie H). Les seules associations possibles entre les bases sont :

Adénine ⟷ Thymine

Cytosine ⟷ Guanine

Il y a deux liaisons H entre A et T et trois liaisons H entre G et C.

Liaisons intranucléotidiques

La liaison entre les monomères de nucléotides est assurée par l'acide phosphorique d'un nucléotide et le ribose du nucléotide suivant en C3'.

Structure tridimensionnelle

La structure en spirale de l'ADN décrit une double hélice qui s'enroule autour d'un axe. Le pas de vis de l'hélice correspond à dix paires de bases et mesure 3,4 nm (figure 12).

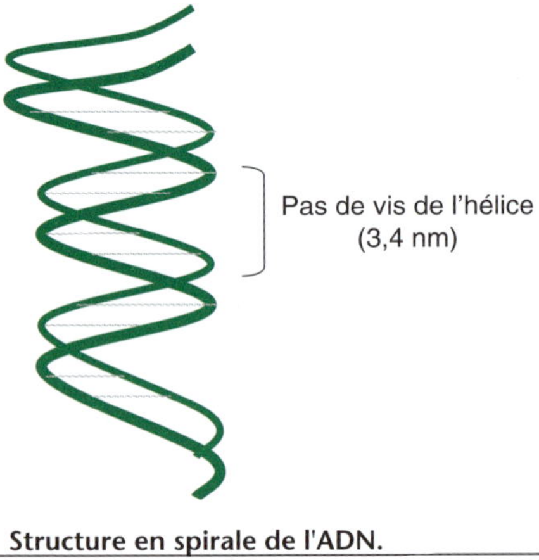

Figure 12. Structure en spirale de l'ADN.

ARN

L'acide ribonucléique (ARN) est une structure **macromoléculaire monobrin** formée d'un **polymère de ribonucléotides** à partir de la lecture de l'ADN. Les bases de l'ARN sont les mêmes que celles de l'ADN excepté **la thymine qui est remplacée par l'uracile**, base exclusive de l'ARN (figure 13).

Appariement des bases

L'adénine s'apparie toujours avec l'uracile (deux liaisons H) et la guanine s'apparie toujours avec la cytosine (trois liaisons H) lors des étapes de la transcription.

Types d'ARN

ARN messager (ARNm)

La formation de l'ARNm à partir de l'ADN est le processus de **transcription** réalisé sous le contrôle d'une enzyme appelée l'ARN polymérase. L'ARNm contient des codons qui codent un acide aminé. La traduction de l'ARNm donnera des peptides ou des protéines immatures.

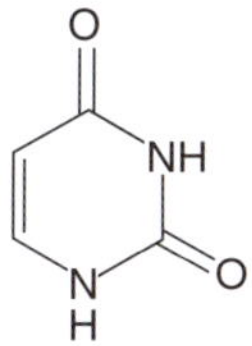

Figure 13. Uracile.

ARN de transfert (ARNt)

L'ARNt a pour rôle la lecture des codons sur l'ARNm et d'y associer l'acide aminé correspondant au niveau des ribosomes (voir Fiche 11 *Synthèse des protéines*, page 53).

ARN ribosomial (ARNr)

L'ARNr est la sous-unité d'un ribosome participant à la traduction.

10. Réplication de l'ADN pendant la phase S – Interphase

Cycle cellulaire

Chaque cellule subit un ensemble de modifications dont l'objectif final est la formation de deux cellules filles identiques entre elles à partir d'une cellule mère. Le matériel génétique est alors dupliqué et redistribué à chaque cellule fille. Les étapes d'un cycle cellulaire sont l'**interphase** et la **mitose**.

Interphase

Phase de réplication de l'ADN. Il n'y a pas de division de la cellule mais une grande activité protéique. Elle contient trois phases : G1, S, G2.

- **Phase G1** : phase de décondensation donc **sans synthèse d'ADN** mais **d'activités protéiques importantes** pour la préparation à la réplication. Peut être liée à une **phase G0** correspondant à une phase de quiescence des cellules – durée variable selon le type de cellule (de 12 heures à 1 an).
- **Phase S** : phase de réplication de l'ADN selon le mode de **réplication semi-conservative,** donc **augmentation de la quantité d'ADN** – durée d'environ 6 à 7 heures quel que soit le type de cellule.
- **Phase G2** : phase d'**individualisation des molécules d'ADN** et de formation de **chromatides sœurs** – durée de 4 heures.

Mitose

Phase de séparation et de distribution des ADN et des constituants cellulaires (nucléaires et cytoplasmiques) de la cellule mère pour former deux cellules filles. Cette étape est divisée en quatre phases : prophase, métaphase, anaphase, télophase.

- **Prophase** : formation des microtubules de fuseau nécessaires à la migration des chromosomes.
- **Métaphase** : migration et positionnement des chromosomes le long de plaque équatoriale.
- **Anaphase** : partage des chromosomes par division des centromères des chromosomes et migration vers les pôles centriolaires.

- **Télophase** : individualisation des cellules filles et reconstitution des enveloppes nucléaires de chaque nouvelle cellule.

Réplication semi-conservative

Processus cellulaire de copie réalisé **pendant l'interphase** dont le résultat final est un **dédoublement du matériel génétique** dans le noyau de la cellule en phase S. On obtient alors **2n molécules** d'ADN à partir de **n molécule** d'ADN.

Enzymes nécessaires à la réplication

- **ADN polymérase I** : enzyme de synthèse de fragments d'ADN par polymérisation – intervient dans l'allongement des fragments d'Okasaki.
- **ADN polymérase III** : enzyme de synthèse de l'ADN par polymérisation – intervient dans la synthèse du brin avancé.
- **ARN polymérase** : enzyme de synthèse de l'ARN par polymérisation – intervient dans la synthèse de l'amorce du brin avancé.
- **ADN topoisomérases I et II** (gyrases) : enzymes de détorsion capable gérer le surenroulement provoqué par le déplacement des ADN polymérases au niveau de la fourche de réplication.
- **Hélicase** : enzyme catalysant l'ouverture des brins d'ADN liés par les ponts hydrogène.
- **Primase** : enzyme de la synthèse de l'ARN – intervient dans la synthèse des amorces du brin retardé.

Mécanisme

Mode **semi-conservatif** effectué par ouverture des brins d'ADN grâce à un **complexe enzymatique de réplication** (topoisomérase, hélicase, ADN polymérase, ARN polymérase). Les brins sont écartés et forment une fourche dite **fourche de réplication**. L'**ADN polymérase** va assembler les nucléotides et former un **brin complémentaire** à partir du brin matrice servant alors de copie au fur et à mesure que le complexe enzymatique progresse. La seconde molécule d'ADN formée contient un brin matrice et un brin complémentaire (figure 14).

Étapes de synthèse

La synthèse des brins complémentaires s'effectue à partir d'une **amorce**. L'amorce correspond à un petit fragment d'ARN synthétisé par une enzyme : la primase. **L'ADN polymérase progresse toujours dans le sens 5'-3'**. Ce qui implique que la synthèse des deux brins sera différente car l'orientation des deux brins (sens de lecture) est inversée.

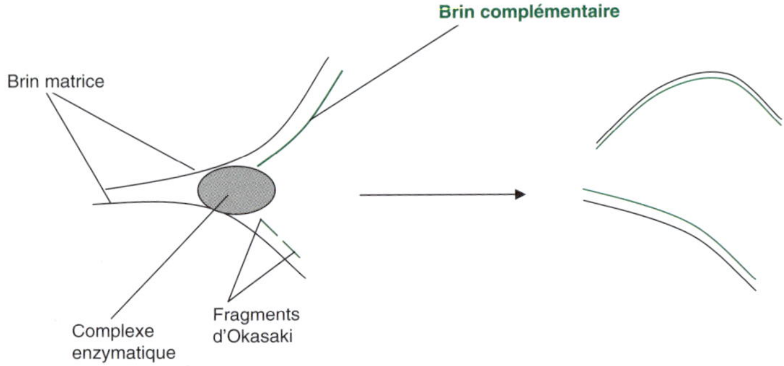

Figure 14. Réplication semi-conservative.

On distingue alors :

- le brin avancé ou continu : **sens 3'-5'**. La synthèse est continue;
- le brin retardé ou discontinu : **sens 5'-3'**. La synthèse est discontinue.

Synthèse du brin avancé

À partir de l'amorce, l'ADN polymérase va lire et progresser dans le sens 5'-3'. Elle place une base correspondante selon le schéma d'appariement strict entre les bases (voir *Liaisons Interbrins*, page 48). Elle relie les bases nouvellement sélectionnées et prolonge le brin en cours de synthèse jusqu'au signal de fin de synthèse.

Synthèse du brin retardé

La lecture du brin 5'-3' nécessite une étape supplémentaire de synthèse. C'est une **synthèse fragmentée**. Pour ce faire, il est nécessaire de passer par les **fragments d'Okasaki**. Ce sont de petits fragments d'acides nucléiques synthétisés dans le sens 5'-3' par la primase à partir d'amorces. Chacun des fragments d'Okasaki sera relié de bout en bout par l'ADN polymérase I afin de finaliser la synthèse du brin complémentaire d'ADN à partir du brin matrice 3'-5'.

11. Synthèse des protéines

L'ensemble du matériel génétique d'une cellule, le génome, est divisé en différents gènes. Chaque gène comporte des séquences codant des protéines, appelées **exons**, et des séquences non codantes, appelés **introns**. Ainsi, environ seulement 10 % du génome codent des protéines.
La synthèse des protéines se déroule en plusieurs étapes : la **transcription**, la **traduction** et la **maturation.**

Transcription

La transcription est le **passage de l'ADN à l'ARNm**. Elle s'effectue dans le noyau cellulaire grâce à une enzyme appelée **ARN polymérase**.
L'ARN polymérase se fixe au début d'un gène, sur le site promoteur. Les deux brins de l'ADN se séparent, par rupture des liaisons faibles hydrogène, ce qui permet le début de la transcription. Elle se fait uniquement sur le brin transcrit (ou brin non codant), dans le sens 3' → 5'.
Les **ribonucléotides** se positionnent progressivement en fonction de la complémentarité des bases par rapport au brin d'ADN, pour former de l'ARNm monobrin. L'ADN se referme ensuite après le passage de l'ARN polymérase. Il peut y avoir plusieurs ARN polymérases à la suite sur un même brin d'ADN, entraînant ainsi une multitude d'ARNm synthétisés en même temps.
Une fois arrivée à la fin du gène, l'**ARN polymérase** se détache du brin d'ADN.
La régulation de la synthèse des protéines peut s'effectuer au moment de la transcription avec la liaison de facteurs de transcription sur des séquences régulatrices d'ADN. La régulation peut également avoir lieu durant les étapes ultérieures (maturation ou traduction).
L'**ARNm** subit ensuite une maturation avec l'épissage qui consiste à éliminer les introns pour ne garder que les exons qui seront traduits.
L'ARNm sort ensuite du noyau pour se retrouver dans le cytoplasme.

Traduction

La traduction est le **passage de l'ARNm à une chaîne polypeptidique** qui deviendra par la suite une **protéine**. Cette traduction se fait grâce aux ribosomes et aux ARNt.

L'ARNm est lu par les ribosomes qui fixent l'ARNt, associé à un acide aminé, et permettent l'association des acides aminés entre eux.
L'**ARNm** est constitué d'une succession de **triplets de bases**, appelés **codons**, qui forment des combinaisons correspondant à un acide aminé dans le code génétique (tableau 4).
Le **code génétique** est **redondant** (plusieurs codons pour un acide aminé) et **universel** (identique chez tous les êtres vivants). Ainsi il existe 64 codons possibles codant pour 20 acides aminés (tableau 4). Il comporte trois codons ne codant aucun acide aminé, appelés codons STOP, et signifiant la fin de traduction.
Chaque traduction débute par un **codon initiateur** (codon START) codant une méthionine.
Un ARNm peut être traduit par plusieurs ribosomes en même temps, formant ainsi plusieurs exemplaires d'une chaîne polypeptidique.
Lorsqu'une mutation se produit sur la chaîne d'ADN ou d'ARNm, celle-ci peut être **silencieuse** si elle a lieu sur une séquence non traduite (intron) ou si elle entraîne un changement pour un codon associé au même acide aminé. On parle de **mutation faux-sens** dans le cas où elle entraîne une séquence d'acides aminés différente, dysfonctionnelle, ou de **mutation non-sens** si elle génère un codon STOP.
Il peut y avoir des mutations par délétion ou par insertion de nucléotides sur l'ADN ce qui décale le cadre de lecture et entraîne de grandes modifications de la chaîne polypeptidique.
La **chaîne d'acides aminés synthétisée** subit une maturation afin de devenir une protéine fonctionnelle.

Tableau 4. Code génétique.

1re base		2e base U		C		A		G		3e base
	U	UUU	Phénylalanine	UCU	Sérine	UAU	Tyrosine	UGU	Cystéine	U
		UUC	Phénylalanine	UCC	Sérine	UAC	Tyrosine	UGC	Cystéine	C
		UUA	Leucine	UCA	Sérine	UAA	**STOP**	UGA	**STOP**	A
		UUG	Leucine	UCG	Sérine	UAG	**STOP**	UGG	Tryptophane	G
	C	CUU	Leucine	CCU	Proline	CAU	Histidine	CGU	Arginine	U
		CUC	Leucine	CCC	Proline	CAC	Histidine	CGC	Arginine	C
		CUA	Leucine	CCA	Proline	CAA	Glutamine	CGA	Arginine	A
		CUG	Leucine	CCG	Proline	CAG	Glutamine	CGG	Arginine	G
	A	AUU	Isoleucine	ACU	Thréonine	AAU	Asparagine	AGU	Sérine	U
		AUC	Isoleucine	ACC	Thréonine	AAC	Asparagine	AGC	Sérine	C
		AUA	Isoleucine	ACA	Thréonine	AAA	Lysine	AGA	Arginine	A
		AUG	M Met **START**	ACG	Thréonine	AAG	Lysine	AGG	Arginine	G
	G	GUU	Valine	GCU	Alanine	GAU	Aspartate	GGU	Glycine	U
		GUC	Valine	GCC	Alanine	GAC	Aspartate	GGC	Glycine	C
		GUA	Valine	GCA	Alanine	GAA	Glutamate	GGA	Glycine	A
		GUG	V Val **START**	GCG	Alanine	GAG	Glutamate	GGG	Glycine	G

12. Méiose

Principes

La méiose est la **division cellulaire** qui a pour but la formation de **gamètes haploïdes**, c'est-à-dire comportant **1n chromosomes**, soit chez l'homme n = 23 chromosomes.

La méiose se produit uniquement dans les organes sexuels (testicules et ovaires) et forme des spermatozoïdes et des ovules à partir de cellules souches.

La méiose se déroule durant la phase de maturation entraînant la formation de quatre gamètes à partir d'une cellule souche.

La méiose est constituée de deux **divisions** : **réductionnelle** et **équationnelle**.

Division réductionnelle

Elle permet le passage d'une cellule 2n chromosomes à 1n chromosomes, en quatre étapes :

- **prophase I** : individualisation de la chromatine en chromosome, puis brassage intra-chromosomique avec *crossing-over* et disparition de l'enveloppe nucléaire;
- **métaphase I** : rassemblement des chromosomes condensés sur la plaque équatoriale de la cellule;
- **anaphase I** : séparation aléatoire des paires de chromosomes (brassage inter-chromosomique), puis migration à chaque pôle de la cellule;
- **télophase I** : apparition d'enveloppe nucléaire à chaque pôle et formation de deux cellules haploïdes.

Division équationnelle

Faisant suite à la division réductionnelle, la division équationnelle est une **mitose** sur une cellule à 1n chromosomes. Elle est composée de la prophase II, la métaphase II, l'anaphase II, la télophase II.

13. Hérédité humaine

L'**hérédité humaine** est liée au patrimoine génétique de chaque individu. Les chromosomes sont composés de gènes et chaque gène est présent en deux versions ou allèles : l'un venant du père, l'autre de la mère.

Les gènes portés par l'une des 22 paires de chromosomes homologues (autosomes) sont les **gènes autosomiques** ; les gènes portés par la paire de chromosomes sexuels (XX ou XY) sont les **gènes liés au sexe**.

Pour un gène donné, lorsque les deux allèles sont identiques, on dit que l'individu est **homozygote** pour ce gène ; lorsque les deux allèles sont différents, on dit que l'individu est **hétérozygote** pour ce gène.

Pour un gène donné, un allèle peut être **dominant** (c'est-à-dire qu'il s'exprime quel que soit l'autre allèle), soit **récessif** (c'est-à-dire qu'il ne s'exprime que si l'autre allèle est également récessif).

Des **anomalies génétiques** peuvent apparaître au cours de la méiose et la formation des gamètes :

- **séparation anormale des chromosomes** ;
- **perte d'un bras de chromosome** ;
- **mauvaise répartition des chromosomes** entraînant une trisomie (trois chromosomes pour une même paire) ou monosomie…

Ces anomalies sont visibles sur un **caryotype** qui est une image par microscopie des chromosomes d'un individu, organisés par paires.

PARTIE 4

Homéostasie

14. Régulation des gaz du sang

Échanges gazeux respiratoires et tissulaires

Des gaz sont dissous dans le sang : l'**oxygène** O_2 – indispensable à la respiration cellulaire – et le **dioxyde de carbone** CO_2 – à la fois un déchet cellulaire et une forme acide intervenant dans le maintien de l'équilibre acide-base. Ces gaz sont dissous à des pressions différentes selon qu'il s'agisse de sang artériel ou veineux : cela favorise les échanges gazeux (entrée ou sortie) au niveau de l'arbre respiratoire (figure 15).

> La diffusion des gaz au travers de la membrane alvéolo-capillaire se fait du compartiment où la pression est la plus forte vers celui où la pression est la moins forte. Pour cette raison, l'O_2 diffuse de l'air alvéolaire vers les capillaires artériels, et le CO_2 diffuse des capillaires veineux vers l'air alvéolaire.

L'air ambiant contient 21 % d'O_2. Celui-ci pénètre dans l'arbre respiratoire au cours de la phase inspiratoire du processus de respiration et est conduit jusqu'aux alvéoles pulmonaires. À ce niveau, il diffuse au travers de la membrane alvéolo-capillaire vers le sang veineux où la pression en O_2 est beaucoup plus faible. La majorité de l'O_2 pénètre dans les hématies pour se fixer sur l'hémoglobine (le transporteur d'O_2 de l'organisme, voir Fiche 1 *Molécules inorganiques*, page 3) : elle ne participe donc pas à l'élévation de PaO_2 c'est-à-dire de la pression en O_2 dissous dans le sang artériel. Cependant, l'élévation de PaO_2 est liée à la quantité d'O_2 fixé sur l'hémoglobine à la sortie des capillaires pulmonaires.
Grâce à la circulation, le sang ainsi enrichi en O_2 est constamment remplacé par du sang veineux dont la pression en O_2 (PvO_2) est faible. Les hématies vont acheminer l'O_2 vers toutes les cellules de l'organisme. Au niveau cellulaire, l'O_2 est capté et échangé contre le CO_2 rejeté par les cellules. Pour cette raison, la pression en CO_2 est supérieure dans le sang veineux par rapport au sang artériel. Le CO_2 est acheminé par voie sanguine vers les poumons. Comme l'air alvéolaire ne contient pas de CO_2, le CO_2 sanguin diffuse au travers de la membrane alvéolo-capillaire vers le compartiment aérien, permettant son élimination de l'organisme au cours de la phase expiratoire du processus de respiration.

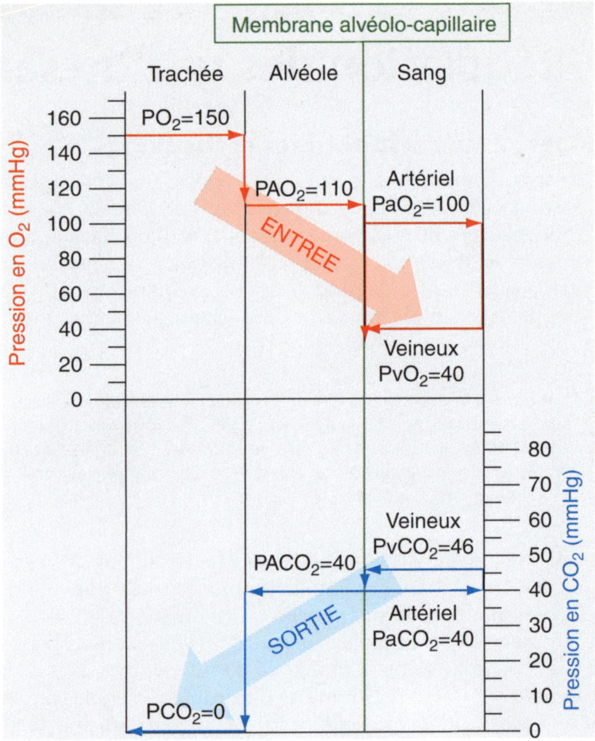

Figure 15. Pressions respectives en O_2 (rouge) et CO_2 (bleu) au niveau de l'arbre respiratoire et des capillaires alvéolaires.

Régulation des gaz du sang

La régulation des gaz du sang est liée au **contrôle de la respiration**. Pour plus de détails, voir Fiche 17 *Régulation de la respiration*, page 70.

- **Métabolisme tissulaire important** (effort musculaire) : les besoins en O_2 sont accrus, PAO_2 doit s'élever pour que PaO_2 demeure stable : hyperventilation.

Anomalies du rapport ventilation-perfusion

Le rapport ventilation-perfusion (rapport entre la ventilation alvéolaire V_A et le débit sanguin capillaire Q) reflète le bon déroulement des échanges gazeux et le bon équilibre des gaz du sang.

- **Effet « espace mort »** : obstruction des voies aériennes (causes multiples, par exemple atélectasie), la ventilation alvéolaire diminue, même si le débit sanguin est correct, l'artérialisation correcte du sang est impossible (V_A/Q inférieur à la normale).
- **Effet « shunt »** : obstruction vasculaire (ex. : embolie pulmonaire), la part ventilatoire est normale mais le sang ne circule plus, une artérialisation correcte est impossible (V_A/Q supérieur à la normale).

L'exploration des gaz du sang permet d'évaluer la contribution respective de la ventilation alvéolaire et du débit sanguin capillaire dans les perturbations cliniques observées.

15. Régulation de l'équilibre acide-base

Définitions

Le pH

Le pH exprime l'**acidité** ou l'**alcalinité** d'un milieu, il est lié à la concentration en ions H^+.

- Une solution est acide si le pH est compris entre 0 et 7.
- Une solution est basique si le pH est compris entre 7 et 14.
- Une solution est neutre si son pH est égal à 7.

Chez l'homme, le pH des cellules et des liquides physiologiques de l'organisme ne doit varier que dans des **limites étroites** (7,38–7,42).

- On parle d'**acidose** si le pH est inférieur à 7,38.
- On parle d'**alcalose** si le pH est supérieur à 7,42.

Seules de faibles variations (6,90–7,70) sont compatibles avec la vie.

Systèmes tampons

Un système tampon est un **mélange de substances en équilibre chimique** s'opposant aux variations de pH avec une efficacité d'autant plus grande que leurs concentrations sont plus élevées. Il comprend généralement :

- un **acide faible** et **son sel de base forte**;
- une **base faible** et **son sel d'acide fort**.

Régulation

L'organisme est confronté régulièrement à un afflux d'acides provenant notamment de l'alimentation et de la respiration cellulaire. Cette tendance à l'acidose explique qu'il soit plus efficace pour la lutte contre l'acidose que contre l'alcalose. La régulation de l'équilibre acide-base fait intervenir successivement deux moyens de lutte :

- les **systèmes tampons** (moyens de lutte quasi instantanés, automatiques mais vite débordés car limités par les concentrations de leurs divers composants);
- les **poumons puis les reins** (moyens de lutte plus longs à se mettre en œuvre mais d'une plus grande efficacité et permettant en conditions physiologiques une restauration complète du pH).

Dans un certain nombre de cas extrêmes, ces systèmes seront malgré tout débordés et le pH sortira des valeurs de référence.

Systèmes tampons

Il existe des **systèmes tampons extracellulaires** (bicarbonate/acide carbonique, phosphate diacide $H_2PO_4^-$/monoacide HPO_4^{2-}, protéinates/protéines) et **intracellulaires** (phosphate diacide/monoacide, protéinates/protéines).
Le système tampon quantitativement le plus important dans l'organisme est le couple bicarbonate de sodium ($NaHCO_3$)/acide carbonique (H_2CO_3) en équilibre suivant la réaction :

$$HCO_3^- + H^+ \rightleftarrows H_2CO_3$$

Si l'organisme est soumis à un acide fort, la partie basique du système tampon va réagir : l'ion bicarbonate (HCO_3^-) s'associe avec l'ion H^+ en excès pour former de l'acide carbonique qui se dissocie en dioxyde de carbone (CO_2) et en eau (H_2O), éliminés par les poumons sous forme de CO_2 et de vapeur d'eau (figure 16).

$$HCO_3^- + H^+ \rightleftarrows H_2CO_3 \rightleftarrows CO_2 + H_2O$$

↓ Rein
Urines

↓ Poumon
Vapeur d'eau

Figure 16. Le système bicarbonate/acide carbonique.

Si l'organisme est soumis à une base forte, la partie acide du système tampon va réagir : l'acide carbonique (H_2CO_3) s'associe avec l'ion OH^- en excès en libérant un ion bicarbonate (HCO_3^-) et de l'eau (H_2O) éliminés par les reins dans l'urine (figure 16).

Régulations organiques

Régulation du pH par le poumon

La respiration permet d'éliminer le CO_2 au niveau des alvéoles pulmonaires.
C'est le **centre respiratoire bulbaire** qui intervient pour réguler la ventilation. Ce centre est **sensible aux variations de $PaCO_2$ et de pH** du sang, il contrôle le rythme et l'amplitude respiratoire. Pour plus de détails, voir Fiche 17 *Régulation de la respiration*, page 70.

- **En cas d'acidose** ($PaCO_2$ ↑, pH ↓), le centre bulbaire est stimulé, la ventilation alvéolaire augmente (on parle d'hyperventilation), cela favorise l'élimination du CO_2 en excès, sa pression partielle $PaCO_2$ diminue : le pH augmente.

- **En cas d'alcalose** ($PaCO_2$ ↘, pH ↗), le centre bulbaire est freiné, la ventilation alvéolaire diminue (on parle d'hypoventilation), cela favorise la conservation du CO_2 (sa pression partielle $PaCO_2$ augmente) : le pH diminue. Dans ce dernier cas, l'adaptation est plus limitée car la priorité de l'organisme sera de maintenir une oxygénation correcte, incompatible avec un ralentissement trop important de la respiration.

La régulation pulmonaire a une mise en œuvre rapide après celle des systèmes tampons et une grande sensibilité aux variations de $PaCO_2$ et de pH.
Son efficacité est limitée parce qu'hyper- et hypoventilation doivent rester compatibles avec la vie mais aussi parce que les poumons n'interviennent que sur la composante acide du système tampon bicarbonate/acide carbonique.

Régulation du pH par le rein

La régulation rénale n'intervient que dans un troisième temps, le délai de réaction est plus long en cas de perturbations de l'équilibre acide-base.
C'est la plus efficace, et celle qui dure le plus longtemps. De plus, elle est aussi performante qu'il s'agisse de lutter contre l'acidose ou contre l'alcalose.

Le **rôle du rein est double** car il peut jouer sur deux composantes distinctes : les protons H^+ et les ions bicarbonates HCO_3^-.

- Il peut **éliminer directement des protons H^+** qui seront retenus dans l'urine sous forme d'ions ammoniums NH_4^+ ou d'ions phosphates diacides $H_2PO_4^-$. De plus, lorsqu'un proton est éliminé, un ion bicarbonate est généré dans le même temps, qui sera réabsorbé (dans le même temps le rein élimine une forme acide et génère une forme basique !).
- Il peut **réabsorber ou au contraire excréter les ions bicarbonates filtrés** au niveau du glomérule rénal et présents dans l'urine primitive. Ceci va dépendre de la pression partielle en CO_2 : si celle-ci est élevée, la réabsorption des ions bicarbonates sera accrue.

16. Régulation de la vitamine D et de la calcémie

Physiologie

Le calcium est l'électrolyte **quantitativement le plus important** de l'organisme (≈ 25 moles, soit ≈ 1 kg pour un adulte de 70 kg), mis en réserve au niveau du tissu osseux. Le rôle le plus évident du calcium est de constituer l'essentiel de la charge minérale du squelette (sous forme de phosphate tricalcique). Il exerce des actions tout aussi importantes au niveau cellulaire (signalisation intracellulaire...), membranaire (contrôle de la perméabilité) et extracellulaire (coagulation...).
Les **besoins quotidiens** d'un adulte sont de l'ordre de 10 mmoles, soit 400 mg par jour. Ils sont plus importants chez les enfants (croissance osseuse), ainsi que chez les femmes enceintes, allaitantes et ménopausées (jusqu'à 100 mmoles par jour).
Le **calcium sanguin** :

- **calcémie plasmatique totale** : 2,4 mmol/L en moyenne;
- **calcium ionisé** (Ca^{2+}) = **forme biologiquement active** = 1,17–1,30 mmol/L.

Régulation

C'est le **calcium ionisé**, actif, qui fait l'objet de la régulation, en association avec la régulation des phosphates.
La régulation de la calcémie affecte **trois sites** :

- **os** (site de stockage, équilibre entre construction et destruction osseuse);
- **intestin** (site d'absorption);
- **rein** (site de réabsorption/d'élimination).

La régulation de la calcémie fait intervenir **trois hormones clés** : **parathormone, calcitonine** et surtout **vitamine D**. Cependant, d'autres hormones exercent un effet secondaire sur la régulation de la calcémie : hormone de croissance, prolactine, œstrogènes, cortisol.

Parathormone (PTH)

- Synthèse par les cellules principales des parathyroïdes (d'où son nom de parathormone), activation après la sécrétion.

- Signal inducteur de sécrétion : ↘ Ca^{2+}.
- Signal inhibiteur de sécrétion : ↗ Ca^{2+}.
- **Effet biologique** :
  - **os** : action complexe, mais finalement ↗ ostéolyse (destruction osseuse);
  - **rein** : ↗ réabsorption tubulaire du Ca^{2+};
  - **conséquence** = hormone hypercalcémiante;
  - de plus, **effet stimulant** sur l'activation de la vitamine D.

Calcitonine

- Synthèse par les cellules parafolliculaires de la thyroïde, activation après la sécrétion.
- Signal inducteur de sécrétion : ↗ Ca^{2+}.
- Signal inhibiteur de sécrétion : ↘ Ca^{2+}.
- **Effet biologique** :
  - **os** : ↘ ostéolyse et ↗ ostéosynthèse;
  - **rein** : ↘ réabsorption tubulaire du Ca^{2+};
  - **conséquence** = hormone hypocalcémiante (elle permet à l'organisme de s'adapter à une surcharge calcique);
  - de plus, **effet inhibiteur** sur l'activation de la vitamine D.

Vitamine D active (1,25-dihydroxycholécalciférol ou calcitriol)

- **Double origine** :
  - alimentaire (jaune d'œuf, huile de poisson);
  - endogène (synthèse de **cholécalciférol** = vitamine D_3 = vitamine D naturelle, à partir de 7-déhydrocholestérol, au niveau de l'épiderme, sous l'action des UV).
- Substitution possible de la vitamine D_3 naturelle par la vitamine D_2 artificielle = **ergocalciférol**.
- Vitamines D_2 et D_3 doivent subir une **double hydroxylation** pour être actives :
  - la première sous l'action de la 25-hydroxylase hépatique;
  - la seconde sous l'action de la 1α-hydroxylase rénale : **étape régulatrice** (figure 17).
- **Effet biologique** :
  - **os** : ↗ minéralisation osseuse;
  - **intestin** : ↗ absorption Ca^{2+};
  - **conséquence** = hormone hypercalcémiante;
  - de plus, **effet inhibiteur** sur la sécrétion de PTH.

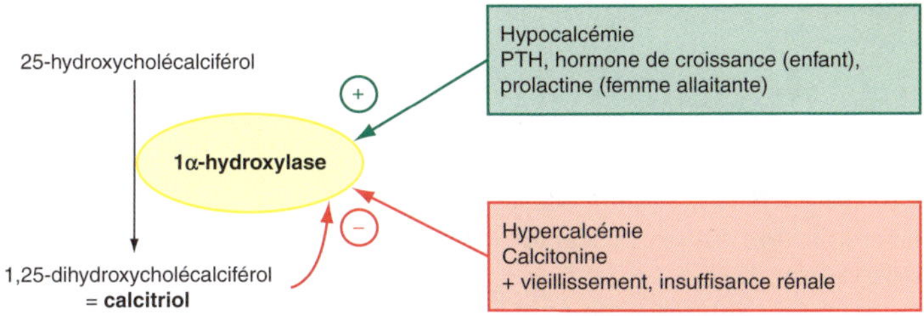

Figure 17. Régulation de l'activation de la vitamine D.

Elle intervient au niveau de la formation de la 1α-hydroxylase rénale qui assure la formation du calcitriol. En vert figurent les éléments activateurs, en rouge les éléments inhibiteurs.

Autres hormones

- **Hormone de croissance** (figure 17).
- **Prolactine** (figure 17).
- **Œstrogènes** :
  - **os** : ↗ minéralisation osseuse ;
  - **intestin** : ↗ absorption Ca^{2+} ;
  - chute des œstrogènes à la ménopause, à l'origine de l'ostéoporose post-ménopausique.
- **Cortisol** :
  - **os** : ↘ minéralisation osseuse ;
  - **intestin** : ↘ absorption Ca^{2+} ;
  - **ostéoporose** liée au traitement chronique par les corticoïdes.

17. Régulation de la respiration

Définition

La respiration est un processus mécanique d'**inspiration** et d'**expiration** qui permet à l'organisme, par échange avec le milieu ambiant, de respirer, c'est-à-dire de **consommer de l'oxygène et de libérer du dioxyde de carbone**. Ce processus mécanique entraîne une **variation du volume** de la cage thoracique. Cette variation de volume engendrée par les muscles de l'inspiration et de l'expiration va entraîner une **variation de pression**. Cette variation de pression qui gouverne l'**écoulement des gaz**.

Les gaz s'écoulent toujours du milieu où la pression est la plus élevée vers le milieu où la pression est la plus basse.

Organes et tissus intervenant dans le processus respiratoire

- Les **poumons** : organes constitués de muscles et de fibres élastiques où se déroule le processus de ventilation. C'est au niveau des alvéoles pulmonaires que se réalisent les échanges gazeux.
- La **plèvre** : couche séreuse recouvrant les poumons sécrétant le liquide pleural (lubrifiant) et délimitant la cavité pleurale.
- Le **diaphragme** : muscle formant le plancher de la cavité thoracique impliqué dans l'inspiration.
- Les **muscles intercostaux externes et internes** : ces deux types de muscles participent au processus respiratoire d'inspiration (muscles externes) et d'expiration (muscles internes).
- Le **système cardiovasculaire** et le **sang** : l'acheminement des hématies chargées en oxygène se fait *via* le système circulatoire et la pompe cardiaque.
- Les **organes consommateurs** : tous les organes nécessitent des apports en oxygène pour assurer leurs fonctions.
- Le **système nerveux central** : la ventilation dépend du système nerveux autonome.

Processus d'inspiration et d'expiration

- L'**inspiration** : la contraction des muscles intercostaux et du diaphragme va augmenter le volume pulmonaire (dilatation des poumons et des alvéoles). Il en découle une diminution de la pression intrapulmonaire (et intra-alvéolaire). L'abaissement de la pression induit **l'entrée des gaz vers les poumons** (alvéoles) jusqu'à égalisation avec la pression atmosphérique.

- L'**expiration** : le relâchement des muscles intercostaux et du diaphragme diminue le volume pulmonaire. La pression intrapulmonaire augmente (et intra-alvéolaire). L'augmentation de la pression induit une **sortie des gaz vers l'extérieur des poumons** (alvéoles) jusqu'à égalisation avec la pression atmosphérique.

Centres respiratoires

Les centres respiratoires nerveux se situent au niveau du **bulbe rachidien** et du **pont**. Le bulbe rachidien concentre les **centres bulbaires inspiratoires** et le pont contient le **centre pneumotaxique**.

Centre pneumotaxique

- intermédiaire entre l'hypothalamus et les centres bulbaires ;
- capable de moduler l'activité du bulbe ;
- capable de moduler la fréquence respiratoire en réponse aux stimuli émotionnels.

Centres bulbaires inspiratoires

Ils sont responsables du rythme respiratoire de base.
Ils sont constitués de deux groupes :

- groupe respiratoire ventral : groupe de neurones situés au niveau du tronc cérébral ;
- groupe respiratoire dorsal :
  - groupe de neurones situés au niveau du nerf crânien IX ;
  - contrôle le diaphragme *via* les nerfs phréniques ;
  - contrôle les muscles intercostaux externes *via* les nerfs intercostaux.

La phase active du centre enclenche la contraction des muscles inspiratoires → **Inspiration**.
La phase inactive du centre enclenche le relâchement des muscles inspiratoires → **Expiration**.

Contrôle des centres respiratoires

Les centres respiratoires sont en liaison avec les centres supérieurs. Ces centres supérieurs sont localisés au niveau du **cortex** et de l'**hypothalamus** d'une part et des récepteurs *via* des voies nerveuses afférentes d'autre part. Les récepteurs sont divisés en mécanorécepteurs et chémorécepteurs.

Cortex et hypothalamus

Le cortex contrôle les **mouvements volontaires** de la respiration. La fréquence et l'amplitude de la respiration peuvent être modifiées par adaptation volontaire.
L'hypothalamus est sensible aux **émotions** et à la **douleur**. Il peut influer sur les centres respiratoires *via* les voies sympathiques. Il en résulte une **modulation de la fréquence et de l'amplitude de la respiration**.

Mécanorécepteurs

Ils sont divisés en deux groupes : les **mécanorécepteurs pulmonaires** et les **mécanorécepteurs des agents irritants**. Ils ont la propriété de modifier la ventilation et participent au cycle inspiration/expiration (récepteurs pulmonaires).

Mécanorécepteurs pulmonaires

- **Localisation** : plèvre et poumons.
- **Voies nerveuses** : fibres afférentes (nerf vague).
- **Type d'influx** : inhibiteurs.
- **Stimulus** : distension pulmonaire.
- **Résultante** : inhibition des centres respiratoires.

Mécanorécepteurs des agents irritants

- **Localisation** : larynx, trachée, alvéoles.
- **Voies nerveuses** : fibres afférentes.
- **Type d'influx** : inhibiteurs.
- **Stimulus** : poussière, gaz irritant, vapeurs.
- **Résultante** : inhibition des centres respiratoires et constriction bronchique, toux.

Chémorécepteurs

Ils sont divisés en deux groupes : les chémorécepteurs centraux et les chémorécepteurs périphériques.

Chémorécepteurs centraux

- **Rôle** : principaux détecteurs de la $PaCO_2$.
- **Localisation** : surface du bulbe rachidien.
- **Voies nerveuses** : fibres afférentes.
- **type d'influx** : inducteurs.
- **Stimulus** : augmentation de la $PaCO_2$ (hypercapnie) puis de $[H^+]$ du liquide céphalo-rachidien.
- **Résultante** : hyperventilation.

Chémorécepteurs périphériques

- **Rôle** : principaux détecteurs de la PaO_2.
- **Localisation** : crosse de l'aorte et division des artères carotides.
- **Voies nerveuses** : fibres afférentes (nerfs glossopharyngiens).
- **Type d'influx** : inducteurs.
- **Stimulus** : diminution de la PaO_2, augmentation de la $PaCO_2$ et de $[H^+]$ artériel.
- **Résultante** : hyperventilation ($PaO_2 < 60$ mmHg).

Influence des pressions partielles sur la ventilation

Pression partielle de dioxyde de carbone $PaCO_2$

- Pression partielle normale dans le sang = 40 mmHg.
- Augmentation de la $PaCO_2$: hypercapnie (> 40 mmHg) :
  - → **hyperventilation alvéolaire.**
- Diminution de la $PaCO_2$: hypocapnie :
  - → **hypoventilation alvéolaire,**
  - → **apnées courtes.**

Pression partielle de l'oxygène PaO_2

- Pression partielle normale dans le sang = 100 mmHg.
- Augmentation de la PO_2 : (> 100 mmHg) :
  - → **pas de modification de la ventilation.**
- Diminution de la PO_2 : hypoxémie (< 60 mmHg) :
  - → **hyperventilation alvéolaire.**

Influence du pH sur la ventilation

- Valeur normale sanguine 7,35–7,45.
- Diminution du pH sanguin : acidose :
  - → hyperventilation alvéolaire (chémorécepteurs périphériques).

18. Régulation de la température

La température corporelle résulte d'un ensemble d'événements en équilibre qui provoque d'une part une production de chaleur (**thermogenèse**) et d'autre part une déperdition de chaleur (**thermolyse**).
La production de chaleur résulte :
- du métabolisme de base du corps humain ;
- de la source de chaleur externe ;
- de l'activité musculaire ;
- de l'inflammation ;
- de l'activité hormonale (vitesse du métabolisme) ;
- du froid.

La déperdition de chaleur résulte :
- de l'évaporation ;
- du phénomène de courant d'air (convection) ;
- du phénomène de transfert de chaleur (conduction).

La température corporelle est constamment maintenue chez un homme sain entre **36,1** et **37,8 °C**. Ce maintien garantit les conditions optimales de fonctionnement des protéines, notamment les enzymes du corps humain. Au-delà de 43 °C, les conditions organiques cellulaires deviennent désastreuses.

Répartition thermique corporelle

L'objectif de la thermorégulation est de soutenir et palier un changement de température afin de conserver les conditions thermiques optimales nécessaires au bon fonctionnement des réactions biochimiques enzymatiques.
Les enzymes comme toutes les protéines sont sensibles à la température. Une température élevée entraîne la dénaturation de la protéine. En revanche, les tissus tolèrent mieux l'hypothermie.

Production de chaleur

Les **tissus produisant le plus de chaleur au repos sont** :
- le **cœur** ;
- le **cerveau** ;
- le **foie** ;
- les **glandes endocrines**.

Les **tissus produisant le plus de chaleur en activité sont les muscles**. Dans le corps humain, les organes du crâne et du tronc ont la température corporelle la plus élevée, tandis que la température la moins élevée se trouve en surface du corps, c'est-à-dire au niveau de la peau. Il existe donc une **température centrale** et une **température de surface**.

La mesure de la température peut s'effectuer au niveau :

- du rectum (température centrale);
- de la cavité orale (< 0,4 °C par rapport au rectum);
- des aisselles (< 0,9 °C par rapport au rectum).

Échange de chaleur

L'échange de chaleur entre le corps et l'extérieur se fait par la peau. Le vecteur interne responsable du transfert calorique entre les centres thermiques est le sang. Le sang diffuse vers les capillaires cutanés alors accessibles lorsqu'il y a nécessité de **thermolyse**.

Les échanges de chaleur entre le corps humain et l'environnement se font par :

- **conduction thermique** : transfert thermique de contact (entre le corps et les objets);
- **convection thermique** : transfert thermique entre zone d'air chaude et zone d'air froide;
- **évaporation thermique** : transfert thermique par changement d'état (eau à vapeurs d'eau);
- **rayonnement thermique** : transfert thermique sous forme d'ondes infrarouges.

Thermogenèse et thermolyse

Le centre de thermorégulation se situe dans le cerveau au niveau de l'**hypothalamus**. Il existe des **thermorécepteurs** à la périphérie qui captent les changements thermiques et envoient des signaux à l'hypothalamus.

Les fibres nerveuses impliquées dans la thermorégulation dépendent du système nerveux autonome orthosympathique et parasympathique.

- **Orthosympathique** :
  - implication majeure;
  - thermogenèse;
  - voies noradrénergiques;
  - effets : vasoconstriction, lipolyse.
- **Parasympathique** :
  - implication mineure;
  - thermolyse;

– voies cholinergiques ;
– effets : vasodilatation, sudation.

Les fibres nerveuses permettent la transmission des informations sensorielles depuis la périphérie vers le centre. Elles commandent également les activités motrices réflexes (vasodilatation/vasoconstriction des vaisseaux sanguins, vitesse du métabolisme, activation des sécrétions par les glandes sudoripares).

Thermogenèse

Le stimulus de la thermogenèse est la **diminution de la température ambiante** (ou du sang). L'hypothalamus est activé et plusieurs voies de production de chaleur sont enclenchées :

- **vasoconstriction des vaisseaux superficiels cutanés** : le sang vecteur de chaleur ne peut plus avoir accès au tissu cutané. La déperdition de chaleur par la peau est freinée ;
- **vitesse du métabolisme accélérée** : les réactions métaboliques sont augmentées et il y a production de chaleur ;
- **tonus musculaire** : activation des centres de contrôle du tonus musculaire entraînant des contractions involontaires (frissons) ;
- **activité hormonale** : la thyroïde peut être stimulée par l'hypothalamus *via* la TRH et la TSH (de l'adénohypohyse). La synthèse d'hormones thyroïdiennes active le métabolisme pour réchauffement en climat tempéré.

Thermolyse

Le stimulus déclenchant la thermolyse est l'augmentation de la température. Le principe de la thermolyse repose sur les systèmes d'échange entre le corps et l'environnement. Deux grandes voies conduisent vers les échanges de chaleur :

- **vasodilatation des vaisseaux superficiels cutanés** : l'afflux de sang vers le tissu cutané favorise l'échange de chaleur à travers la peau (rayonnement, conduction et convection thermique) ;
- **transpiration** : activation des glandes sudoripares puis excrétion de grandes quantités d'eau sous forme de sueurs.

Conditions thermiques extrêmes

Généralement, les mécanismes de défense contre les variations thermiques sont également volontaires. En cas de froid, réchauffement corporel par des vêtements, par l'activité physique ou par l'alimentation, par abri (habitations). En cas de chaleur, refroidissement par ventilation, hydratation ou déshabillage. Dans certaines situations extrêmes, la régulation thermique autonome et les précautions volontaires ne suffisent plus.

Froid prolongé

- **Gelures** : la thermogenèse induit une vasoconstriction des vaisseaux sanguins cutanés. Lorsque cette vasoconstriction est trop prolongée, elle induit une privation d'oxygène. Les cellules cutanées meurent.

Chaleur prolongée

- **Insolation** : si l'hyperthermie est prolongée, elle inhibe le centre de régulation. La chaleur corporelle s'intensifie. Les tissus les plus chauds (cerveau) commencent à subir des lésions.

19. Régulation de l'équilibre hydro-électrique

Généralités

L'eau est la molécule la plus courante dans l'organisme.
L'eau représente environ 60 % de la masse corporelle de l'adulte (environ 40 L pour un adulte de 70 kg). Cette proportion est plus importante chez les nourrissons (75 %) et plus faible chez les sujets âgés (< 50 %).

Eau dans l'organisme

Voir figure 18.

Répartition

L'eau totale corporelle est répartie en **deux compartiments** :
- le **compartiment intracellulaire** : 2/3 de l'eau totale, soit environ 25 litres;
- le **compartiment extracellulaire** : 1/3 de l'eau totale, soit environ 15 litres.

Le compartiment extracellulaire comprend :
- le **secteur interstitiel** (extravasculaire) : 25 % de l'eau totale, soit environ 10 litres (notamment la lymphe);
- le **secteur vasculaire** : 8 % de l'eau totale (ou 5 % de la masse corporelle), soit environ 3 litres.

Le secteur vasculaire est représenté par le plasma sanguin.

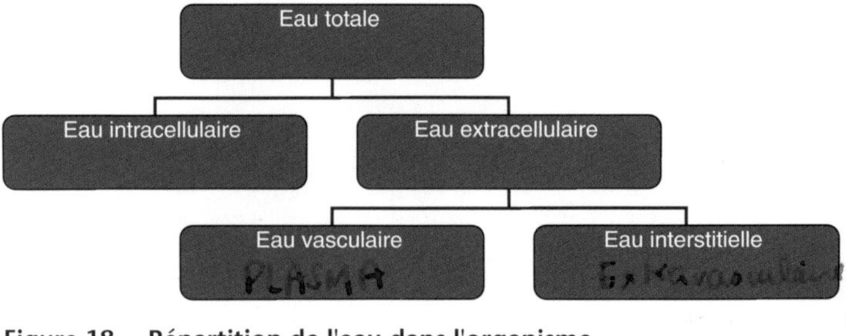

Figure 18. Répartition de l'eau dans l'organisme.

Bilan entrées/sorties

Tableau 5. **Bilan des entrées et sorties hydriques.**

Entrées	Boissons	1 000–1 700 mL	2 000–3 000 mL/24 h
	Eau des aliments	800–1 000 mL	
	Eau métabolique	200–300 mL	
Sorties	Pertes urinaires	1 100–1 800 mL	2 000–3 000 mL/24 h
	Pertes fécales	100–200 mL	
	Pertes cutanées	800–1 000 mL	

Composition

Le secteur intracellulaire est un milieu riche en K^+ et pauvre en Na^+. Le secteur extracellulaire est un milieu riche en Na^+ et pauvre en K^+. La composition ionique du secteur plasmatique est le ionogramme sanguin obtenu par un prélèvement sanguin.

Tableau 6. **Composition du ionogramme sanguin.**

Ionogramme sanguin	mmol/L
Sodium (Na^+)	135–145
Potassium (K^+)	3,5–4,5
Chlore (Cl^-)	95–105
Bicarbonates (HCO_3^-)	22–26
Calcium (Ca^{2+})	2,25–2,62
Protéines	70 (g/L)

Homéostasie

L'homéostasie de l'eau dans l'organisme est assurée par la régulation des entrées et des sorties, notamment au niveau rénal, avec la modulation de la diurèse.

- La régulation des sorties se fait par la sécrétion de l'hormone antidiurétique (ADH) par l'hypophyse entraînant la réabsorption d'eau au niveau rénal et la diminution de la diurèse. De nombreux facteurs extérieurs peuvent moduler la production d'ADH comme le froid, la douleur, le stress, l'alcool…
- La régulation des entrées se fait par la régulation de la soif et de l'appétit pour le sel : en cas de déshydratation, l'organisme réclame de

l'eau et du sel. Le déclenchement de la soif n'intervient que lorsque le contrôle de l'excrétion hydrique est maximal.

La concentration sanguine ainsi que la baisse du volume sanguin (volémie) activent le système rénine-angiotensine-aldostérone qui entraîne la réabsorption d'eau et de sodium au niveau rénal.

Ions dans l'organisme

Il y a une neutralité électrique entre les ions positifs et les ions négatifs dans les différents secteurs de l'organisme.

Sodium

Le sodium (Na^+) est un ion minéral majoritairement présent dans le secteur extracellulaire. L'apport quotidien nécessaire est d'environ **6 g par jour**, mais il peut être largement supérieur selon les alimentations. Il est principalement éliminé dans les urines. Un mouvement de sodium (élimination, rétention) est toujours accompagné d'un mouvement d'eau. Il a un rôle dans le maintien de la pression artificielle. La teneur en sodium est régulée par l'aldostérone qui agit en réabsorbant le sodium (et donc l'eau) au niveau rénal.

Potassium

Le potassium (K^+) est un ion minéral majoritairement présent dans le secteur intracellulaire. Les apports se font par voie endogène (cytolyse cellulaire) et par voie exogène (**apports alimentaires de 4 à 8 g/j**). Il est éliminé par les urines et les selles. Il a un rôle important dans la contraction musculaire. La régulation du potassium s'effectue par l'excrétion urinaire du potassium sous le contrôle de l'aldostérone.

Échanges entre les compartiments

Barrières

Paroi capillaire

Dans le secteur extracellulaire, le compartiment vasculaire et le compartiment interstitiel ont la même composition : la membrane qui les sépare, la paroi capillaire, est très perméable aux ions et aux solutés. Elle est également très perméable à l'eau. Par contre, elle est imperméable aux protéines (figure 19).

Membrane cellulaire

Le secteur extracellulaire et le secteur intracellulaire ont des compositions en ions très différentes : la membrane qui les sépare, la membrane cellulaire, est imperméable aux ions. Elle est perméable à l'eau (figure 20).

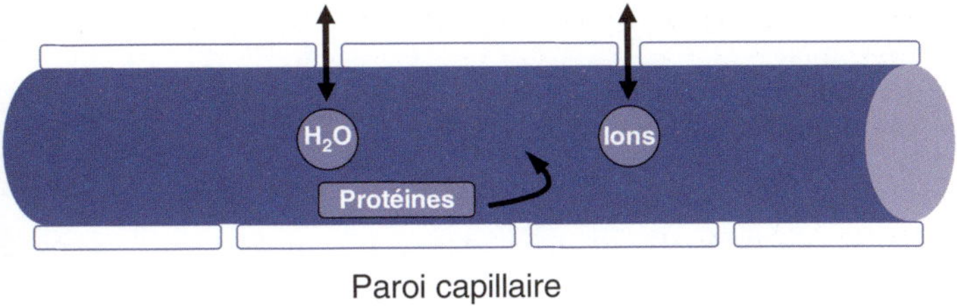

Figure 19. Paroi capillaire.

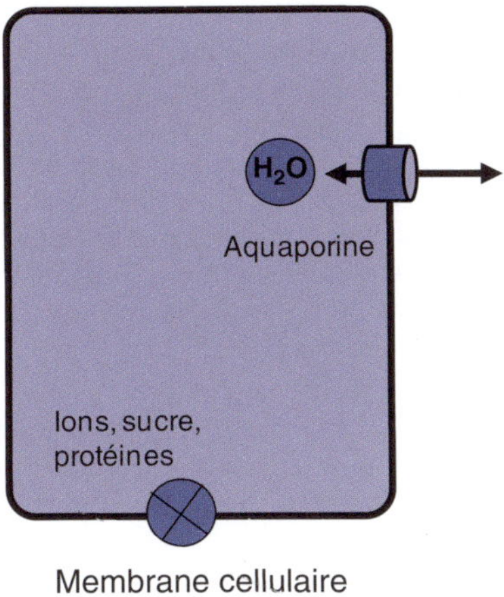

Figure 20. Membrane cellulaire.

Osmolarité et pression osmotique

L'osmolarité correspond au nombre de molécules osmotiquement actives dissoutes par litre de solution.

L'osmolarité d'un milieu permet de mesurer la pression osmotique, c'est-à-dire la pression minimum qu'il faut exercer pour empêcher le passage d'un solvant d'une solution moins concentrée à une solution plus concentrée au travers d'une membrane perméable à l'eau et imperméable aux solutés. La pression osmotique attire l'eau vers le côté le plus concentré.

La pression osmotique du plasma est principalement due à la concentration en Na^+.
La pression oncotique est la part de la pression osmotique attribuée aux protéines, molécules ne traversant pas les membranes.

Échanges

Les échanges passifs d'eau entre les différents compartiments sont régis par la différence d'osmolarité entre deux milieux. Les mouvements d'eau se produisent du secteur où l'osmolarité est la plus faible vers le secteur où l'osmolarité est la plus forte, avec pour conséquence une égalisation de l'osmolarité entre les deux compartiments à l'équilibre.
À l'équilibre, l'osmolarité plasmatique est égale à l'osmolarité intracellulaire, tout comme leurs pressions osmotiques. Il y a donc un équilibre entre ces deux milieux, permettant de maintenir la forme des cellules, notamment des globules rouges.
Une pression oncotique importante, avec une certaine concentration en protéines, est nécessaire pour que le plasma reste dans le secteur vasculaire.
Une baisse des protéines plasmatiques, donc de la pression oncotique, entraîne un passage « d'eau » dans le milieu interstitiel avec formation d'œdèmes, d'ascite…

Mouvements d'eau

Une modification initiale d'un volume ou osmolarité a toujours une origine extracellulaire, puis se répercute aux autres compartiments. Il y a création d'un mouvement d'eau selon le gradient d'osmolarité.

Signes cliniques

Déshydratation extracellulaire

Diminution de la tension artérielle et tachycardie, pli cutané, augmentation de l'hématocrite.

Hyperhydratation extracellulaire

Augmentation de la tension artérielle, œdèmes, diminution de l'hématocrite.

Déshydratation intracellulaire

Perte de poids importante, sécheresse des muqueuses, coma.

Hyperhydratation intracellulaire

Prise de poids, troubles neurologiques.

Gains ou pertes d'eau et d'osmolarité dans le secteur extracellulaire

Gain ou perte iso-osmotique (isotonique)

- Apport/perte dans le secteur EC de liquide ayant la même osmolarité que le plasma (290 mosmol/kg H_2O). Pas de changement d'hydratation du secteur intracellulaire (IC).

Exemple : apport excessif de soluté iso-osmotique en perfusion → conséquence : hyperhydratation EC.

Exemple : hémorragie importante → conséquence : déshydratation extracellulaire (EC).

Gains ou pertes hypo-osmotiques (hypotoniques)

- Apport/perte dans le secteur EC de liquide dont l'osmolarité est inférieure à celle du plasma qui conduit à une diminution de l'osmolarité plasmatique et génère des mouvements d'eau du secteur extra- vers le secteur intracellulaire.

Exemple : apport de soluté hypotonique en perfusion → hyperhydratation EC et IC.

Gains ou pertes hyper-osmotiques (hypertoniques)

- Apport/perte dans le secteur EC de liquide dont l'osmolarité est supérieure à celle du plasma qui conduit à une augmentation de l'osmolarité plasmatique et génère des mouvements d'eau du secteur intra- vers le secteur extracellulaire.

Exemple : apport de soluté hypertonique en perfusion → hyperhydratation EC et déshydratation IC.

20. Régulation de la glycémie

D'origine alimentaire ou endogène, le **glucose** est un **substrat énergétique essentiel** catabolisé par la voie glycolytique pour fournir de l'ATP.

La **glycémie** est relativement constante : **à jeun, elle est comprise entre 4 et 6 mmol/L**. Ses variations reflètent la différence entre les apports en glucose (par l'alimentation ou la production endogène) et la captation par les tissus périphériques. En fournissant ou en stockant du glucose, le foie joue un rôle fondamental dans le contrôle de la glycémie. Des hormones hypo- ou hyperglycémiantes interviennent aussi dans la régulation de la concentration sanguine en glucose (figure 21).

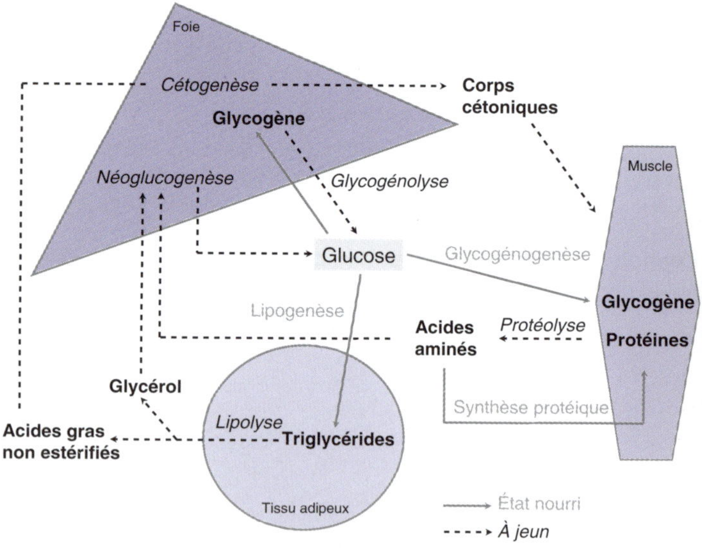

Figure 21. Régulation de la concentration sanguine en glucose.

Insuline, hormone hypoglycémiante

Il s'agit d'une protéine de 51 acides aminés comprenant une chaîne A et une chaîne B reliées par des ponts disulfures. **L'insuline est sécrétée par les cellules β des îlots de Langerhans**. Elle est synthétisée sous la forme de pré-pro-insuline, rapidement clivée en pro-insuline. Celle-ci est transportée dans l'appareil de Golgi où elle est clivée en insuline et peptide C. **Parallèlement, ces composés sont inclus dans des vésicules évoluant vers des granules de sécrétion.**

Signaux stimulant la sécrétion d'insuline

- **Augmentation de la glycémie** : le glucose capté par les cellules β est métabolisé par la voie glycolytique, permettant une augmentation du ratio ATP/ADP. Ceci induit la fermeture de canaux potassiques ATP-dépendants, à l'origine de la dépolarisation de la cellule et de l'entrée de calcium nécessaire à la sécrétion d'insuline.
- **Les incrétines** comme le GLP-1 (*Glucagon-Like Peptide 1*) ou le GIP (*Glucose-dependent Insulinotropic Polypeptide*). Il s'agit de molécules synthétisées par le tube digestif en réponse à la présence de glucose et d'acides gras libres dans le bol alimentaire.

Mode d'action de l'insuline

- L'insuline agit sur les tissus grâce à sa liaison à un récepteur tyrosine kinase. Sa liaison induit une autophosphorylation stimulant l'activité tyrosine kinase. Des protéines cibles comme l'IRS1 (*Insulin Receptor Substrat 1*) sont alors phosphorylées et activeront à leur tour d'autres protéines.

Effets de l'insuline

- Augmente la captation du glucose, notamment par les tissus insulino-sensibles. En effet, le glucose apporté par l'alimentation rejoint le sang et est capté par les cellules par l'intermédiaire de transporteurs GLUT (1 à 5). L'insuline induit la translocation des transporteurs du glucose GLUT4 du cytoplasme à la membrane plasmique : des tissus comme les muscles ou le tissu adipeux, qui expriment ce transporteur, sont dits insulino-dépendants pour l'influx de glucose.
- Stimule la synthèse de glycogène hépatique et musculaire, permettant le stockage du glucose prélevé dans la circulation sanguine.
- Inhibe la néoglucogenèse (synthèse hépatique de glucose à partir du lactate, du glycérol, de certains acides aminés).
- Inhibe la glycogénolyse (libération de glucose à partir du glycogène).
- Favorise la synthèse protéique et le stockage des triglycérides dans les adipocytes en stimulant leur synthèse et en inhibant la lipolyse.

Hormones hyperglycémiantes

Glucagon

Le **glucagon** est un polypeptide de 29 acides aminés **sécrété par les cellules α des îlots de Langerhans** en réponse à une diminution de la glycémie. Sa liaison à son récepteur membranaire couplé à une protéine G induit l'activation d'une adénylate cyclase, l'augmentation du taux d'AMPc et l'activation de la PKA, qui phosphoryle des protéines cibles, permettant la stimulation de la glycogénolyse hépatique, de la néoglucogenèse, de la lipolyse et de la cétogenèse.

Glucocorticoïdes

Ils induisent la synthèse des enzymes de la néoglucogenèse et favorisent la protéolyse, contribuant à la mobilisation de substrats glucoformateurs.

Catécholamines

En se liant aux récepteurs β adrénergiques, elles induisent une augmentation de l'AMPc intracellulaire, une stimulation de la PKA et stimulent la glycogénolyse et la lipolyse.

Hormone de croissance

Elle **stimule la néoglucogenèse hépatique**, la **glycogénolyse** et la **lipolyse**.

En cas d'hypoglycémie, le manque de glucose intracellulaire induit une augmentation de la sécrétion des hormones hyperglycémiantes (glucagon, cortisol, hormone de croissance, catécholamines). La glycogénolyse musculaire fournit un premier apport en glucose-6-phosphate qui sera métabolisé par ce tissu. La lipolyse libère des acides gras non estérifiés et la protéolyse, des acides aminés. Ces éléments sont transportés vers le foie qui produira du glucose par glycogénolyse mais aussi par néoglucogenèse, l'énergie nécessaire à ce processus étant fournie par le catabolisme des acides gras. Des corps cétoniques pourront aussi être produits et utilisés par des tissus périphériques comme source d'énergie. L'augmentation de la glycémie résultant de ce phénomène induit la sécrétion d'insuline, qui accélère la pénétration du glucose dans les cellules insulino-sensibles et stoppe la réponse hyperglycémiante.

21. Régulation des hormones thyroïdiennes

La thyroïde

La thyroïde est une glande de 25 à 30 g située à la face antérieure du cou, en avant de la trachée. Elle est constituée de deux lobes reliés par un isthme, en regard du troisième cartilage trachéal. Elle est richement vascularisée et reçoit une innervation sympathique et parasympathique.

L'unité de base anatomique et fonctionnelle est le follicule, une vésicule sphérique de 50 à 500 μm de diamètre, constitué de cellules épithéliales polarisées ou thyréocytes : le pôle basal est localisé à proximité du réseau capillaire, tandis que le pôle apical présentant des microvillosités est au contact d'une substance colloïde riche en une glycoprotéine iodée, la thyroglobuline, à partir de laquelle sont synthétisées les hormones thyroïdiennes qui agissent sur le métabolisme, le développement et la différenciation tissulaire.

Le parenchyme parafolliculaire contient les cellules C qui sécrètent la calcitonine. Cette hormone régule le métabolisme phosphocalcique.

Les **besoins en iode sont de l'ordre de 100 à 150 μg/j**, voire 200 μg/j au cours de la grossesse et de l'allaitement : une part importante de l'iode nécessaire à la synthèse des hormones thyroïdiennes provient du recyclage de l'iode par récupération endogène, mais un apport alimentaire est nécessaire.

Biosynthèse des hormones thyroïdiennes

La thyroglobuline est une glycoprotéine constituée de deux sous-unités identiques, synthétisée exclusivement par les cellules thyroïdiennes. Elle peut exister à l'état polymérisé dans la lumière folliculaire. Elle subit une iodation dans la lumière folliculaire, ce processus étant sous la dépendance de la thyroperoxydase (TPO).

Les iodures sont captés à partir des capillaires sanguins grâce à une pompe Na^+/I^- située au pôle basal du thyréocyte. La TPO catalyse l'oxydation des iodures en radicaux libres $I^•$ en présence d'H_2O_2 et la fixation de ceux-ci sur des résidus tyrosyl de la thyroglobuline pour former des résidus mono-iodotyrosyl (MIT) et des résidus di-iodotyrosyl (DIT). Le couplage de ces iodotyrosines en iodothyronines est catalysé par la TPO, permettant ainsi la formation des hormones tri-iodothyronine (T3) et tétra-iodothyronine ou thyroxine (T4). La T3 est cinq fois plus active que la T4. La thyroglobuline subit ensuite une protéolyse grâce à laquelle sont libérées les hormones thyroïdiennes et des iodotyrosines. Seules les hormones T4 et T3 passent dans le sang où elles sont transportées par la TBG (*Thyroxine Binding Protein*), la transthyrétine, et l'albumine. Au niveau des tissus périphériques, la T4 peut subir une désiodation pour donner de la T3 ou de la T3 inverse ou rT3, biologiquement inactive. Ce mécanisme de production de la T3 est quantitativement plus important que la sécrétion de T3 par la thyroïde elle-même.

Régulation de la biosynthèse et de la sécrétion des hormones thyroïdiennes

La synthèse des hormones thyroïdiennes est sous le contrôle de la TSH hypothalamique (*Thyroid Stimulating Hormone*), elle-même stimulée par la TRH hypothalamique.

La **TRH** est une **neurohormone** constituée de trois acides aminés, libérée de façon pulsatile avec un maximum nocturne. Le froid stimule sa sécrétion tandis que les influences dopaminergiques et sérotoninergiques sont inhibitrices. Elle exerce une action stimulante sur les cellules thyréotropes et lactotropes de l'antéhypophyse.

La **TSH** est une **glycoprotéine** constituée de deux sous-unités α et β. La chaîne α est commune à la FSH, la LH et l'HCG tandis que la sous-unité β est spécifique à la TSH. Elle agit *via* des récepteurs membranaires et *via* le système adénylate cyclase/AMPc. La TSH augmente le débit sanguin intrathyroïdien, stimule la captation des iodures et les étapes de l'hormonogenèse.

Les **hormones thyroïdiennes** exercent un **rétrocontrôle négatif** sur l'hypothalamus et l'hypophyse.

Action des hormones thyroïdiennes

Les **hormones thyroïdiennes sont essentielles pour** :

- la **différenciation** et la **maturation des tissus fœtaux**;
- la **régulation de l'activité métabolique dans de nombreux tissus** : stimulation de la glycolyse, de la néoglucogenèse, de la lipolyse, de la thermogenèse, de la synthèse peptidique.

La T3 a une action directe sur le système nerveux sympathique et potentialise l'effet des catécholamines.

L'action des hormones thyroïdiennes se fait essentiellement par des récepteurs nucléaires qui sont des hétérodimères formés d'un récepteur aux hormones thyroïdiennes et d'un récepteur à l'acide rétinoïque.

Dysthyroïdies

Les hyperthyroïdies se définissent par une hypersécrétion non freinable d'hormones thyroïdiennes par le corps thyroïdien. Les étiologies sont la maladie de Basedow, les nodules hypersécrétants, les hyperthyroïdies iatrogènes, les thyroïdites subaiguës, la thyrotoxicose gravidique, les thyroïdites du post-partum, les hyperthyroïdies par mutation du récepteur de la TSH et les adénomes hypophysaires thyréotropes.
Les hypothyroïdies peuvent être dues à une insuffisance thyroïdienne (anomalies de fonctionnement de la thyroïde) ou à une insuffisance thyréotrope (défaut de stimulation de la thyroïde). Dans les pays occidentaux, l'étiologie auto-immune est la plus fréquente (anticorps anti-TPO, antithyroglobuline, antirécepteur de la TSH). L'hypothyroïdie peut aussi être d'origine iatrogène (médicaments contenant de l'iode, chirurgie).
Les signes accompagnant les dysthyroïdies sont indiqués dans le tableau 7.

Tableau 7. Dysthyroïdies.

	Hyperthyroïdies	Hypothyroïdies
Cœur	Augmentation du débit cardiaque Tachycardie Éréthisme cardiaque Hyperpulsatilité artérielle	Diminution du débit cardiaque Bradycardie Bloc auriculo-ventriculaire
Muscles	Myasthénie Décontraction rapide Fonte musculaire	Myotonie Crampes Décontraction lente
Système nerveux	Nervosité Hyperémotivité, agressivité	Apathie, ralentissement Dépression
Tube digestif	Accélération du transit intestinal	Constipation
Thermogenèse	Sueurs, soif, thermophobie	Hypothermie, frilosité
Peau, phanères		Infiltration cutanéo-muqueuse Peau sèche Perte de cheveux, des sourcils
Biologie	Diminution de la cholestérolémie Hypercalcémie	Hypercholestérolémie Hypertriglycéridémie
Hématopoïèse	Leucopénie, thrombopénie	Anémie normo- ou macrocytaire
Autres	Amaigrissement Goitre Rétraction palpébrale isolée ou associée à des signes d'orbitopathie	Aménorrhée possible

PARTIE 5

Chronobiologie

22. Chronobiologie

L'activité du corps humain est régulée par différents rythmes biologiques et physiologiques. Selon la durée des phases, on définit plusieurs rythmes : **ultradien** (<24 heures, par exemple le sommeil profond/paradoxal), **circadien** (environ 24 heures, par exemple l'alternance veille/sommeil), **infradien** (>24 heures, par exemple le cycle menstruel).

La plupart des grandes fonctions de l'organisme ont une **activité liée au temps** : régulation de la température, régulation thyroïdienne, fonction digestive et sécrétion pancréatique, cycle ovarien et menstruel…

Chronophysiologie

Rythme veille/sommeil

L'alternance veille/sommeil correspond à l'alternance jour/nuit. Le rythme dépend de l'**horloge biologique** qui possède un rythme propre de 25 heures. Cette dernière se resynchronise sur les journées de 24 heures grâce aux rayons lumineux quotidiens. Des signaux externes (baisse de la luminosité) ou internes (baisse de la température corporelle) favorisent l'entrée dans l'endormissement.

Le **cortisol** est une hormone produite par la partie externe de glandes disposées au-dessus des reins, les corticosurrénales. En association avec la mélatonine, il régule le rythme circadien veille/sommeil. Le pic plasmatique de cortisol a lieu en fin de nuit, juste avant le réveil, provoquant une hyperglycémie. La mélatonine, synthétisée en l'absence de lumière, apparaît plutôt en début de nuit, favorisant l'endormissement, avec un pic en milieu de nuit.

Le **travail décalé** en horaire de nuit ne change pas complètement le rythme biologique circadien. Si le rythme circadien n'est pas respecté (travail de nuit, voyage en avion), il y a un risque de désynchronisation avec perturbations thymiques, hormonales et métaboliques.

Rythme du sommeil

Le sommeil est constitué d'une succession de cycles de sommeil à ondes lentes et de sommeil paradoxal.

Le **sommeil à ondes lentes** constitue 70–80 % du sommeil. Le **sommeil paradoxal** est lui-même composé de quatre stades bien définis (voir *Cycles de la vie et grandes fonctions*, Fiche 10 *Système nerveux*).
Chaque nuit, il y a alternance de sommeil à ondes lentes puis de sommeil paradoxal toutes les 90 minutes environ. Il y a entre trois et cinq périodes de sommeil paradoxal par nuit qui durent chacunes 20–30 minutes. Une nuit réparatrice comporte 5–6 cycles de sommeil.

471569 – (I) – (7) – OSB100

Elsevier Masson S.A.S - 62, rue Camille-Desmoulins,
92442 Issy-les-Moulineaux Cedex
Dépôt Légal : avril 2012
Composition : SPI

Imprimé en Chine